Sabine Arndt & Petra Kriegel
Tierseelen

Sabine Arndt & Petra Kriegel

Tierseelen

Wie man bewusst und liebevoll
mit Tieren zusammenleben kann

Aquamarin Verlag

Deutsche Originalausgabe
2. Auflage 2012
© Aquamarin Verlag
Voglherd 1 • D-85567 Grafing
www.aquamarin-verlag.de

Umschlaggestaltung: Annette Wagner
Satz: Sebastian Carl
Druck: Ebner & Spiegel • Ulm

ISBN 978-3-89427-523-5

Inhalt

Einleitung

Kater Jakob – oder nichts geschieht ohne Grund

Jakob

In unserem Buch über die Sterbebegleitung von Tieren war es Petras Kater Henry, der sozusagen als Ghostwriter und Ratgeber im Hintergrund fungierte. Aus diesem Grund haben wir ihm unser erstes Buch gewidmet. Er hatte es verdient, denn er hat das Gesamtwerk in nicht unerheblichem Maß mit beeinflusst.

Dieses zweite Buch widmen wir nun meinem Kater Jakob, denn dieses Buch hat er auf besondere Weise mitgestaltet. Jakob war ein ganz außergewöhnlicher Kater, mit dem ich etwas erleben durfte, was mich einerseits sehr berührte und andererseits auch sehr demütig machte.

Bei allem, was geschah, ist und bleibt sicher, dass ich Jakob sehr viel zu verdanken habe, auch und obwohl ich durch das Geschehene mehr als einmal an meine eigenen Grenzen geführt wurde.

Während wir an diesem Buchmanuskript arbeiteten, wurde Jakob krank. Zum Zeitpunkt des Geschehens war er zehn Jahre alt, und man kann sagen, dass er bis dahin kaum und schon gar nicht ernsthaft krank gewesen war. Ich behandelte ihn mit verschiedenen Mitteln und spürte zunehmend, dass sich an der Symptomatik wenig bis nichts veränderte.

Um mehr Informationen zu bekommen, wie genau es Jakob in dieser Phase ging und was er möglicherweise für seine Genesung benötigte, führten wir eine systemische Aufstellung für ihn durch. Dabei zeigte sich, dass Jakob selbst von seiner Symptomatik eher unbeeindruckt war und auch eher seine Ruhe haben wollte, als die täglichen Mittelgaben über sich ergehen zu lassen.

Daraufhin versicherte ich ihm mehrfach, dass er alleine entscheiden durfte, was er von meinen Angeboten annehmen mochte und was nicht. Damit wollte ich ihm auch vermitteln, dass er immer das letzte Wort haben durfte, wenn es um ihn und seine Belange ging.

Einige Tage später mochte Jakob dann nichts mehr essen. Selbst frisches rohes Geflügelfleisch – bisher sein ausgesprochenes Leibgericht – lehnte er ab. Die Krankheitssymptome waren nach wie vor unverändert. Trotzdem war ich bis zu diesem Zeitpunkt noch ziemlich ruhig. Diese Ruhe sollte mir erst zwei Tage später abhanden kommen, als mir bewusst wurde, dass nicht nur ich selbst am folgenden Wochenende nicht zu Hause sein würde, sondern auch der Rest der Familie wegen verschiedener Termine sich nur wenig um Jakob würde kümmern können. Ich machte mir Sorgen, dass sich die Symptome dann weiter verschlechtern könnten und rief darum kurz entschlossen bei unserer Tierärztin an, um einen Termin zu vereinbaren. Ich konnte sofort kommen und fuhr mit Jakob direkt zur Praxis. Während der halbstündigen Fahrt dorthin wurde er ziemlich sauer. Dies zeigte er durch lautstarkes Maunzen und Meckern. In der Praxis angekommen, ließ ich ihn aus der Transportbox. Er schaffte es gerade noch, aus ihr herauszukommen, brach dann aber ganz plötzlich zusammen. Die Tierärztin erfasste sofort den Ernst der Lage und gab ihm homöopathische Notfallmittel, die allerdings keinerlei Wirkung zeigten. Da sich die Situation weiter zuspitzte, wurden nun auch alle nötigen schulmedizinischen Notfall-Medikamente eingesetzt; sonst hätte er diesen Zustand mit Sicherheit nicht überlebt. In dieser Verfassung ließ Jakob alles wehrlos über sich ergehen. Dieser im Leben doch so eigenwillige und selbstbestimmte Kater war nicht wiederzuerkennen.

Ganz offensichtlich stand sein Leben auf der Kippe. Nach mehreren Spritzen zeigte er an, dass er lieber hinunter auf den Boden wollte. So setze ich ihn nach unten, und er lief, so schnell es eben ging, unter den Schreibtisch. Es folgten lange und bange Minuten, in denen die Hoffnung gering schien, ihn wieder lebendig mit nach Hause nehmen zu können.

Etwas entfernt setzte ich mich zu ihm auf den Boden und redete ihm gut zu. Sagte ihm auch, dass er alleine entscheiden solle und dürfe, ob er bleiben oder gehen möchte. Immerhin ist es doch genau das, was wir unseren Tierhaltern auch immer sagen, dass nämlich das Tier – und zwar das Tier ganz alleine – in letzter Instanz entscheidet, ob es eine Therapie annimmt oder nicht, ob es sich für das Leben entscheidet oder dagegen. Ich empfand es als tröstlich zu erleben, dass ich es in dieser unerwartet schwierigen und natürlich emotional stark belastenden Situation auch meinem eigenen Kater selbst zugestehen konnte.

Mein wahres Problem bestand eher darin, dass ich nicht verstand, was da eigentlich passiert war. Zumal Jakobs Symptome vor meiner Abfahrt in die Praxis alles andere als beunruhigend waren. Lediglich der Gedanke an das bevorstehende Wochenende war es, der mich veranlasst hatte, die Tierärztin aufzusuchen.

Gemeinsam mit ihr kamen wir zu dem Ergebnis, dass Jakob sich während der Fahrt so aufgeregt haben musste, dass dadurch sein gesamter Kreislauf regelrecht kollabiert war. Wir konnten jetzt, nachdem er alle möglichen Notfallmittel bekommen hatte, nichts tun als abzuwarten, wie sich die Situation weiter entwickeln würde. Um besser zu verstehen, rief ich noch aus der Praxis kurzerhand Petra an und bat sie, Jakob zu fragen, was er zu der ganzen Sache zu sagen hatte.

Bei dieser kurzen Tierkommunikation kamen verschiedene Körpergefühle zum Ausdruck. Am wichtigsten schien mir jedoch die

Aussage: „Will keinen Aufstand, alles soll in Frieden sein, Ruhe wird gebraucht. Zu viele Köche verderben den Brei... Will nach Hause..." Hier erinnerte ich mich wieder an das von mir selbst empfundene Gefühl in der Systemischen Aufstellung für Jakob, mit dem ganz klar zum Ausdruck kam, dass er in Ruhe gelassen werden wollte. Ich gebe zu, diese Erkenntnis hat mich dann doch sehr erschüttert. Wie kann es **mir** passieren, dass ich wider besseres Wissen und Fühlen über den Kopf meines Tieres hinweg entscheide? Wie kann ich, durch welche Umstände auch immer, so von meinem Weg – den ich doch aus Überzeugung gehe – abkommen? Sicher wollte ich zu jedem Zeitpunkt immer nur das Beste für Jakob und natürlich auch nichts an ihm versäumen. Trotzdem habe ich für einen Moment schlichtweg seine eigenen Wünsche und Bedürfnisse missachtet und anders gehandelt, als er das für sich wollte.

Jakob brauchte sicher eine knappe Stunde, bis er sich so weit erholt hatte, dass auch unsere Tierärztin mein Gefühl bestätigen konnte, dass Jakob noch nicht sterben wollte, zumindest jetzt noch nicht. Ich bin ihr auf ewig dankbar, denn ohne ihr schnelles Handeln wäre Jakob die Entscheidung, doch zu bleiben, gar nicht mehr möglich gewesen. Problematisch war nun noch, dass wir nicht wussten, was genau die Ursache der gezeigten Symptomatik war. Jedoch lehnte ich es ab, dies in der Tierklinik herausfinden zu lassen. Denn wenn mir eins klar geworden war, dann die Tatsache, dass ich Jakob damit schlicht und ergreifend umbrächte, wenn ich mit ihm nun auch noch in eine Tierklinik fahren würde. So nahm ich ihn auf eigene Verantwortung wieder mit nach Hause. Die Rückfahrt gestaltete sich dann sehr ruhig und friedlich. Ich redete ihm gut zu. Er beschwerte sich nach wie vor, jedoch sehr viel gemäßigter als noch auf der Hinfahrt. So kam ich mit einem schwachen und etwas neben sich stehenden, aber lebenden Kater wieder zu Hause an.

Zu diesem Zeitpunkt habe ich Jakob versprochen, nichts mehr zu unternehmen, was er nicht sicher auch genau so wollte. Die Fahrt in die Praxis war meine Entscheidung – und die hatte ich ihm aufgezwungen. Für die Zukunft sollte mir und ihm so etwas erspart bleiben. Ungeachtet dessen, konnte ich zu diesem Zeitpunkt nicht wissen, wie schwer es sein würde, diesen Entschluss auch wirklich durchzuhalten.

Unter der weiteren schulmedizinischen Behandlung besserten sich die Symptome zusehends, so dass man vermuten konnte, dass Jakob sich wieder ganz erholen würde. Er aß normal und schlief auch wieder auf seinen gewohnten Schlafplätzen. Dabei war er wie früher wehrhaft und machte uns damit die Medikamentengabe nie leicht, manches Mal sogar unmöglich.

Eine weitere wichtige Beobachtung konnte ich in diesen Tagen an mir selbst machen. In den Situationen, in denen es Jakob offensichtlich schlecht ging, konnte ich die Kraft aufbringen ihn festzuhalten, wenn er Medikamente bekommen musste. Aber völlig egal, wie man ihm die Medikamente verabreichen wollte, Jakob wehrte sich stets dagegen, so dass es mich immer eine gewisse Überwindung und Kraft kostete. Im gleichen Moment habe ich gezweifelt, ob denn alles, was ich tat, wirklich richtig und in Jakobs Sinne war. Immerhin musste ich akzeptieren, dass er für sich die Möglichkeit in Betracht gezogen hatte, an dieser Krankheit zu sterben. Mehr als einmal stellte ich mir dabei die Frage, wann es mir zusteht einzugreifen und wann der Punkt erreicht ist, an dem ich auf jeden Fall eingreifen muss. Sie dürfen mir glauben, dass ich es mir dabei alles andere als leicht gemacht habe.

Diesen Zweifel hatte meine Freundin Yvonne gespürt und fragte mich, wie mein Gefühl dazu sei, wenn ich meinte, Jakob Medikamente geben zu müssen. Man kann es kaum glauben, aber durch diese Frage wurde mir erst bewusst, dass ich an mein Gefühl zu Jakobs Krankheit überhaupt nicht herankam. Zu sehr war ich bestimmt von der Sorge, etwas zu versäumen oder falsch zu machen.

Mit dem wiedererlangten Bewusstsein konnte es möglich werden, dass ich mit Jakob Zeichen vereinbarte. Zeichen, die es mir leichter machen sollten zu sehen, was er wollte und was er ablehnte. Diese Zeichen sollten klar und unmissverständlich sein. Eines davon war zum Beispiel, dass er aktiv zu mir kommen sollte, wenn er einverstanden war, Medikamente von mir zu erhalten. Blieb er fort, dann wertete ich es als Zeichen, dass er mit der Symptomatik alleine fertig werden wollte. Ungeachtet dessen hatte ich natürlich immer ein wachsames Auge auf sein Befinden. Gleichzeitig hatte ich dabei auch jederzeit das Gefühl, ihm diesbezüglich voll und ganz vertrauen zu können.

Im Laufe der Zeit habe ich mir sehr intensiv – wie ich es von mir gewohnt bin, weil ich es immer tue – Gedanken zum möglichen Hintergrundthema von Jakobs Erkrankung gemacht. Ich kam aber beim besten Willen nicht darauf, mit wem oder welcher Situation diese Symptome zu tun haben könnten. Auch das intensive Befassen mit den möglichen Hintergründen von Krankheiten konnte mir in diesem Fall bei der Lösung nicht helfen. Also versuchten wir in einer weiteren Systemischen Aufstellung für Jakob, den Hintergrund sichtbar zu machen. Darin zeigte sich dann, womit die Situation zusammenhing. Es ging um mich und eine Situation in meinem Leben, die auch nur ich alleine würde ändern können. Über dieses Erkennen war und bin ich tatsächlich sehr froh, denn mein größtes Problem bestand während dieser Zeit hauptsächlich darin, dass ich nicht in der Lage war herauszufinden, wo ich ansetzen konnte, um meinen Kater zu unterstützen.

Zum gleichen Zeitpunkt fasste ich den Entschluss, Jakob neben den schulmedizinischen Medikamenten auch homöopathische zu geben. Ungeachtet dessen, dass die vorherrschende Meinung unter den Fachleuten die ist, dass einige schulmedizinische Präparate die mögliche Wirkung von homöopathischen Mitteln verhindern. Zu verlieren hatte ich nichts, möglicherweise konnte ich ihn aber mit der Homöopathie auf einer Ebene unterstützen, die sonst eher unbeachtet geblieben wäre. Jakobs Zustand stabilisierte sich damit tatsächlich. So machte der weitere Verlauf uns wieder Hoffnung, dass Jakob gesund werden würde. Diese Hoffnung wurde nach und nach allerdings geschmälert, weil bald sichtbar wurde, dass es nicht wirklich vorwärts ging. Darum wollte ich Jakob noch einmal *aufstellen*, auch um zu sehen, ob wirklich das gut für ihn war, was ich ihm gab und wie ich mit der Situation umging. Ich gebe zu, es fiel mir von Tag zu Tag schwerer, den Zustand auszuhalten, sowie er sich uns zeigte.

An dem Vormittag, als wir Jakobs Lage erneut *aufstellten*, ging es ihm schon morgens nicht so gut wie noch am Tag zuvor. Seltsam fand ich, dass auch mit der Medikamentengabe keine Besserung eintrat. In der Aufstellung zeigte sich einiges, mit dem wir jedoch nicht wirklich etwas anfangen konnten. Zumindest vermochten wir es zu diesem Zeitpunkt noch nicht richtig zu deuten. Zu Beginn einer Aufstellung lassen wir den Stellvertreter des Tieres erst von seinen Gefühlen und dem, was er sagen möchte, berichten. Petra, als Jakobs Stellvertreter, berichtete: „Ganz spannende Bilder, die ich sehe, alles sehr, sehr positiv. Ich sehe, dass ich Flügel in mir trage, damit aber nicht fliegen kann. Ich weiß um meine Flügel und um die Kraft in mir. Ich kann sie aber nicht nutzen. Die Flügel nicht ausbreiten zu können, bereitet mir Probleme." Im weiteren Verlauf der Aufstellung machten wir ihm verschiedene Angebote, doch die Reaktion darauf hatten wir allesamt zunächst falsch interpretiert. Jakobs Zustand verschlechterte sich sehr rasch, und auch weitere Medikamentengaben zeigten keinerlei Wirkung. Er signalisierte dann, dass er in Ruhe gelassen und auch nicht angefasst werden wollte und legte sich unter einen Schrank. Er lag nicht lange dort, als uns klar war, dass er sich heute anders entscheiden würde. Geschätzt waren es knapp fünf Minuten, bis er seinen letzten Atemzug machte. So schlimm diese Phase für mich war, so ruhig und gelassen war er selbst. Alle Anspannung war von ihm gewichen, und er ging – so schien es uns allen – in Frieden.

Rückblickend kann ich sagen, dass ich selbstverständlich Jakobs Entscheidung mit ganzem Herzen akzeptieren kann. Jedoch war es damals nicht leicht, sicher auch darum, weil seine Entscheidung so unerwartet und plötzlich kam. Sein Sterben vollzog sich leicht und schnell, und zu keinem Zeitpunkt schien es, als ob er leiden würde.

Nach Jakobs Tod ist mir nun auch klar geworden, warum er nicht schon in der Tierarztpraxis gestorben ist. Wäre er in dieser Situation verstorben, hätte ich es mir vielleicht niemals verzeihen können. Jakobs Zustand in der Endphase war genau so, wie wir es Wochen zuvor in der Praxis erlebt hatten. Er hätte also mit Sicherheit auch da schon gehen können. Seither glaube ich noch mehr an einen selbstbestimmten Todeszeitpunkt. Jakob hat mir damit, dass er fünfundfünfzig Tage nach der Situation in der Praxis gestorben ist, mein Gewissen sehr erleichtert.

Wichtig zu erwähnen ist noch, welche Bedeutung die in der Aufstellung gezeigten Bilder rückblickend bekommen haben: Die damals gesehenen Bilder von den Flügeln, die Jakob in sich trug, können nun als die Flügel gesehen werden, mit denen sich seine Seele sinnbildlich auf den Weg gemacht hat. Damit konnte Jakob diese Flügel auf eine besondere Art und Weise doch noch benutzen.

Petra berichtete mir später, dass sie, nachdem sie nach Hause gekommen war, ihrer Katze Feli gesagt habe, dass Jakob tot sei. Daraufhin meinte Feli, dass sie das schon wisse und ob Petra ihr noch etwas anderes sagen möchte. Es sieht ganz so aus, als ob Tiere Informationsnetze benutzen, die uns nicht bewusst sind. Vergleichbar mit den Morphogenetischen Feldern, wie sie Rupert Sheldrake beschreibt.

Mein Erleben mit Jakob, auch und gerade im Zusammenhang mit diesem Buch, hat für mich eine große Bedeutsamkeit gewonnen. Ich durfte für mich ganz persönlich erkennen, dass, der Situation

angepasst, ein Tier möglicherweise etwas ganz anderes benötigt –
oder nicht benötigt – als ein anderes Tier.

Darüber hinaus wurde mir bewusst, dass jeder Mensch seine individuelle „Schmerzgrenze" besitzt. Der eine beschließt vielleicht schon viel früher als ein anderer, dass in einem Krankheitsfall eine Entscheidung getroffen werden muss. Natürlich macht es noch einen Unterschied, ob es sich um einen chronischen Krankheitsverlauf handelt, an den man sich vielleicht gewöhnen kann, oder ob es eine spontan aufgetretene akute Erkrankung ist. Jedoch bleibt es jedes Mal, wenn eine Entscheidung für das Tier zu treffen ist – auch nach Abwägung aller möglichen Faktoren – letztendlich die Entscheidung des Menschen, etwas zu unternehmen und in einer bestimmten Weise zu handeln.

Ich kann nach meinen Erfahrungen jedem nur empfehlen, in einer solchen Situation einzig für sich und für das Tier zu entscheiden und dabei auch noch so gut gemeinte Ratschläge von außen sofort wieder zu vergessen. Es sei denn, Sie haben das Gefühl, dass sie hilfreich sein können und der Ratgeber auf Sie vertrauensvoll und ehrlich wirkt. Denn eine für Sie gute Entscheidung kann letztlich immer nur aus Ihnen selbst entstehen, und Sie müssen in der Folge auch dazu stehen können. Solange Sie – soweit Ihnen das möglich ist – auf Ihr Gefühl hören, kann jede Entscheidung, welcher Art auch immer, nur richtig sein.

Außerdem empfehle ich Ihnen dringend, sich ein scheinbares Fehlverhalten möglichst wieder zu verzeihen, auch wenn genau das oft nur schwer möglich ist. Alle Situationen, auch dramatische, sind einzig und allein dazu da, durch sie zu lernen. Wir können aber nicht lernen, ohne irgendwann einmal etwas falsch entschieden zu haben. Ich konnte mir meine Entscheidung, mit Jakob in die Tierarztpraxis gefahren zu sein, schon bald verzeihen. Ich weiß allerdings nicht, ob mir das gelungen wäre, wenn sich Jakob noch in der Praxis entschieden hätte, zu sterben. Ich war mir aber immer sicher, dass meine damalige Entscheidung keine leichtfertige und unbedachte war. Vermutlich hätte ich anders entschieden, wenn ich Jakobs Wünsche und Bedürfnisse obenan gestellt hätte. Doch ich hatte entschieden, wie ich es zum damaligen Zeitpunkt für richtig hielt. Es gab nur einen Weg, Jakobs Entscheidung gut zu verkraften. Ich musste mir mein scheinbares Fehlverhalten nachsehen. Es nutzt wahrlich niemandem, wenn Sie sich selbst nicht verzeihen. Eher das Gegenteil ist der Fall.

Darum rate ich dringend, seien Sie immer gnädig zu sich, auch wenn es schwerfällt.

Am vierten Morgen nach Jakobs Tod erwachte ich mit einem Spruch in meiner Erinnerung. Ich habe ihn sofort notiert, weil ich diese Worte auf keinen Fall vergessen wollte:

Ich bin da. Ich bin dort.
Du aber musst nur wissen:
Ich bin immer bei dir.

Für mein Gefühl hat mir Jakob damit eine Botschaft zukommen lassen, über die ich zugegeben sehr glücklich bin.

In großer Dankbarkeit für alles, was Jakob uns zeigte und lehrte, widmen wir ihm dieses Buch. Er ist eine weise Seele. Er war ein großer Kater, Ratgeber und Freund. Er hat unser Leben mehr als bereichert. Die Spur, die er hinterlassen hat, führt ihn und uns zu neuen Wegen.

Wir wünschen uns für jeden Menschen, für jedes Tier, für jedes Wesen ein Erkennen, dass sich immer neue Wege öffnen können, wenn man offen bleibt und bereit ist, alle Möglichkeiten zuzulassen.

Danke Jakob, dass du dies für uns ermöglicht hast.

Was wollen wir
mit diesem Buch erreichen?

Nach dem Erscheinen unseres Erstlingswerkes über die Sterbebegleitung bei Tieren bekamen wir viele Anfragen und Aufforderungen, unbedingt weitere Bücher über das Zusammenleben von Mensch und Tier zu schreiben. Sehr viele Menschen scheinen den Wunsch nach einer „neuen Art" von Zusammenleben mit ihren Tieren zu verspüren. Es geht nicht länger allein darum, ein Tier zu haben, mit dem wir kuscheln und spielen wollen. Es geht immer mehr auch darum zu erkennen, wer oder was das Tier an unserer Seite wirklich ist. Welche Rolle erfüllt es im Leben seines Menschen. Ist es tatsächlich, wie vielfach angenommen, nur ein Tier? Oder erkennen wir allmählich, dass die Tiere – und zwar nicht nur unsere geliebten Haustiere – wesentlich mehr sind als das? Die Erkenntnis, dass Tiere eine sehr viel größere Rolle einnehmen, als die meisten von uns bisher dachten, kommt bei immer mehr Menschen langsam aber sicher an die Oberfläche des Bewusstseins. Es wird deutlich, dass die Tiere und alle Wesen der Natur auf einer Ebene – und zwar auf Augenhöhe – mit uns stehen und keiner besser oder geringer ist als der andere. Wir finden, es ist langsam an der Zeit, den Tieren ihren Platz zuzugestehen, sie als Partner anzuerkennen und nach der gemeinsamen Aufgabe Ausschau zu halten.

Man erkennt sein Tier als echten Partner an:

- Wenn man es in seinem Wesen und seinen Befindlichkeiten ernst nimmt.
- Mit ihm spricht wie mit einem Erwachsenen.

- Mit ihm so achtsam umgeht, wie man es auch mit sich selbst tun sollte.
- Wenn man es in seinem Wesen wahrnimmt und annehmen kann, wie es ist.
- Wenn man es so behandelt, wie man selbst behandelt werden möchte.
- Wenn man, unabhängig von der tatsächlichen Größe seines Tieres, seine innere Größe sieht.

Gerade im Zusammenleben mit einem Tier kommt oft der Punkt, wo man unsicher ist, ob das, was man glaubt zu sehen und zu verstehen, auch wirklich so ist. Nicht selten hält man sich mit seiner Meinung zurück, weil man befürchtet, von anderen nicht verstanden zu werden, wenn man (s)ein Tier auf besondere Weise ins Leben mit einbezieht. Wenn auch Sie zu den Menschen gehören, die in dieser Richtung gerne mehr machen würden, aber nicht wissen, was oder wie, dann können wir Sie trösten. So wie Ihnen, geht es vielen, sehr vielen Menschen. Keiner ist verrückt oder sonderbar, wenn er seinem Tier die gleichen Rechte zugesteht wie sich selbst. Leider können sich die Verhältnisse auch umkehren, was bedeuten kann, dass man dem Tier alle Aufmerksamkeit schenkt, sich selbst oder anderen Menschen aber keine oder nur eine geringe. Das erscheint uns als sehr problematisch. Es gilt, hier das rechte Maß zu finden. Dies ist genauso wichtig, wie offen zu sein für alle Wesen dieser Erde.

Mit diesem Buch möchten wir einen Ratgeber der anderen Art schaffen. Vielleicht finden Sie genau das, was Sie suchen. Vielleicht suchen Sie auch gar nichts und haben trotzdem etwas gefunden? Oder Sie gehören zu den Menschen, die generell gerne nachlesen, was Sie vielleicht besser machen können, damit Ihr Leben erfüllter und reicher werden kann. Wer ehrlich ist, kann zugeben, dass jeder auf dieser Welt von Zeit zu Zeit Unterstützung oder Anregung benötigt. Auch wir, die Autorinnen dieses Buches, bedurften auf unserem Weg der einen oder anderen Hilfestellung, mal mehr, mal weniger. Gut, dass es viele Menschen gibt, die andere an ihrem Wissen, ihren Erfahrungen und ihrer Weisheit teilhaben lassen. Jeder kann von dem, was andere erlebt haben und was andere können, profitieren. Doch sollte man dabei einiges beachten. Wenn man etwas verändern möchte, aber nicht weiß wie, ist es nicht alleine damit getan, nur ein Buch zu lesen. Zudem ist es auf keinen Fall ratsam, jedes noch so klug scheinende Wort eines anderen vorbehaltlos anzunehmen. Das, was da als vermeintliche Weisheit in so vielen Büchern steht, hält oft dem rauen Lebensalltag nicht stand oder lässt sich nicht umsetzen. Worte, die n u r klug sind, haben noch niemandem wirklich weitergeholfen.

Sehr deutlich hat der Kater Tarzan das während einer Kommunikation formuliert:

„Du kannst den Berg nicht mit Worten besteigen, nur mit den eigenen Füßen. Das kann schmerzhaft sein und mühsam, doch so lohnend, dass ein jeder die Anstrengung auf sich nehmen sollte!! Ich wünsche mir, die Menschen würden nicht so viel reden, sondern mehr tun!"

Wir haben uns oft gewünscht, unterscheiden zu können, wo jemand über etwas schreibt, was er selbst erlebt hat und, was noch viel wichtiger ist, auch wirklich lebt, oder wo der Ratschlag und die Hilfe aus einer Aneinanderreihung von vielen klugen Worten bestehen. Trotz unserer reichhaltigen und teilweise schmerzhaften Erfahrungen haben wir lange suchen müssen, bis wir erkennen konnten, worauf wir uns stützen können und worauf nicht.

Für uns ist das wichtigste Kriterium eines Ratschlages seine Alltagstauglichkeit und die Authentizität desjenigen, der ihn vermittelt. Die Ehrlichkeit, mit der einem etwas nahe gebracht wird, und die Ehrlichkeit, auch eigene Schwächen zuzugeben, zeigen echte Mitmenschlichkeit, wahres Mitgefühl und wahre Größe. Authentisch zu sein, bedeutet für uns, nicht nur eine – nämlich die strahlende und erfolgreiche – Seite zu zeigen, sondern sich in seiner Gesamtheit, eben so, wie man wirklich ist, zu präsentieren. Kein Mensch auf dieser Welt ist vollkommen und keiner besteht nur aus Weisheit und macht alles richtig. Der Weg zum Wissen führt nicht selten über schmerzhafte Erfahrungen. Das Lachen wird sehr oft über das Weinen erreicht. Und den festen und soliden Platz im Leben findet man allzu oft nur über den steinigen Pfad. Man sollte sich darüber im Klaren sein, dass der Lebensweg eines jeden Menschen aus Höhen und Tiefen besteht und man nie stehen bleibt. Wer heute oben steht, kann morgen wieder unten sein. Absolutes Misstrauen ist allerdings geboten, wenn Ihnen versprochen wird, dass Sie nur eine bestimmte Technik anwenden müssen, damit alles gut wird. Das kann schon aus dem Grund nicht funktionieren, weil es niemals nur eine Möglichkeit gibt – egal welchen Bereich im Leben es betrifft. Es funktioniert nicht alles für jeden gleich. Was bei dem einen positiv anschlägt, kann für den anderen ein Reinfall sein. In erster Linie müssen Sie für sich immer und immer wieder prüfen, ob das, was ein anderer Ihnen rät, auch für Sie passt. Die eigene Intuition ist sehr wichtig, aber auch der gesunde Menschenverstand darf benutzt werden. Beides gemeinsam ergibt ein Ganzes. Gestehen Sie sich auch zu, dass Sie, selbst wenn einmal etwas nicht so klappt, wie Sie es sich vorstellen, trotzdem nicht unbedingt niedergeschlagen sein müssen. Freude und Zufriedenheit sind auch eine Frage der inneren Einstellung und nicht nur des äußerlich messbaren Erfolges. Wohlgemerkt IHRER inneren Einstellung, niemals der eines anderen. Sie sollten auf jeden Fall bereit sein, die Komfort-Zone ihres bisherigen Lebens auch einmal zu verlassen, wenn Sie ein neues Ziel anstreben!

Wir möchten in diesem Buch keine leeren Versprechen abgeben. Vielmehr ist es unser Wunsch, einen Weg aufzuzeigen, der, obwohl nicht einfach zu gehen, dennoch Wachstum bringen kann. Unser Wunsch war es schon immer, Menschen und ihren Tieren zu helfen, einen gemeinsamen Weg zu erkennen, und sie dabei zu unterstützen, ihn zum Wohle von Mensch und Tier zu gehen. Darüber hinaus möchten wir gerne neue Wege aufzeigen, die im Zusammenleben von Mensch und Tier möglich sind. Wir meinen hier die Wege, die auf der gemeinsamen Lebenswanderung gerne übersehen werden. Die Mehrheit zieht den geraden Weg vor, der ohne große Höhen und Tiefen schnurstracks zum Ziel führt, der auf Umwege verzichtet und der scheinbar leicht zu gehen ist. Oft wird dabei gar nicht in Frage gestellt, ob das der richtige Weg ist oder nicht. Doch woran erkennt man, welches der richtige Weg ist? Leider steht nirgendwo ein Hinweisschild. Wir sind also immer selbst gefordert, darauf zu achten, wohin unser Weg führt – und es gibt nicht nur **den** einen Weg, sondern deren viele. Und zwar für jeden (s)einen eigenen. Daraus ergibt sich, dass es nicht ratsam ist, unüberlegt hinter jemandem herzulaufen, auch wenn dieser Weg uns noch so gut gefällt und der Betroffene zielstrebig vorneweg läuft. Denn dieser Jemand läuft – so sollte es zumindest sein – in die für ihn vorgesehene Richtung, nicht in Ihre.

Darum ist es immer sinnvoll, wenn Sie auf Ihrem Weg sehr oft anhalten, in sich gehen und versuchen herauszufinden, ob Sie noch „in der Spur" sind oder sich auf Abwegen befinden. Den Weg, den alle gehen, einfach mitzugehen, mag bequem sein, aber sicher nicht unbedingt lohnend. Jedem Menschen stehen viele Türen offen, und auf der Lebenswanderung werden einige Abzweigungen vor uns auftauchen. So wie eine Reise auf den unterschiedlichsten Wegen zum Ziel führen kann, so kann es auch im Leben viele Wege geben, die für den Einzelnen gangbar sind. Ob wir den rechten oder linken Weg wählen, ist nicht unbedingt maßgeblich, sondern ob wir ihn so gehen, dass wir uns wohlfühlen und dabei immer wir selbst bleiben.

Das ganze Leben kann gesehen werden wie eine Aneinanderkettung von Aufgaben, die wir erfüllen dürfen, wenn wir bereit dazu sind. Die Aufgaben, die für uns gedacht sind, liegen auf dem Weg, der für uns gedacht ist. Wir finden sie nicht auf dem Weg unseres

Nachbarn, unseres Freundes oder unseres Vorbildes. Unser Anliegen ist darum, sich den ganz eigenen Weg zunächst bewusst zu machen, also zu überlegen, ob wir am für uns richtigen Platz sind, das für uns Richtige tun und Freude dabei empfinden. Erst wenn man wirklich weiß, was man will, kann damit begonnen werden, diesen Weg auch zu gehen. Nun mögen einige von Ihnen denken, dass dies sicher eine schwere, vielleicht sogar zu schwere oder gar unlösbare Aufgabe darstellt, sein Leben in Bewusstheit zu leben. Mag sein, dass das tatsächlich nicht immer leicht ist. In den meisten Fällen scheint es aber so zu sein, dass die vermeintliche Schwere eines bewusst gelebten Lebens mehr in unserem Kopf als im Leben und seinen Aufgaben selbst existiert.

Bewusst zu leben, ist nicht gleichbedeutend mit schwer zu leben. Bewusst zu leben, bedeutet nichts anderes, als achtsam zu sein in dem, was man tut und wie man es tut. Es setzt voraus, dass man rücksichtsvoll ist und so lebt, dass man niemandem Schaden zufügt. Es bedeutet, offen zu sein und nichts für unmöglich zu halten. Im Zusammenleben mit einem Tier bedeutet es, das Tier in sein Leben einzubeziehen und zuzulassen, dass das Tier vielleicht eine größere Bedeutung für uns hat, als wir ursprünglich einmal erwartet haben. Es sollte uns gelingen, das Tier nicht nur zu füttern und zu versorgen, sondern auch darauf zu achten, was dieses Tier in unser Leben bringt, was es dabei aufzeigt und was es spiegelt.

Ein ganz wichtiger Aspekt für uns ist zudem noch, zu zeigen, dass das Leben sinnvoll und trotzdem mit Leichtigkeit gelebt werden kann. Auch der Humor und das herzhafte Lachen – also das Lachen, das von Herzen kommt – dürfen nicht zu kurz kommen. Ganz im Gegenteil: Lachen und Leichtigkeit sind besonders wichtig. Wer unsere Seminare besucht, die ja zum Teil recht tiefgründige Themen zum Inhalt haben, wie zum Beispiel „Die Sterbebegleitung für Tiere", der erwartet häufig ein paar schwere Stunden, in denen man eher traurig als fröhlich ist und in denen geweint wird. Letzteres ist natürlich erlaubt und fast unausweichlich, aber davon abgesehen, wird in unseren Seminaren vor allen Dingen viel gelacht. Denn egal ob es um das Leben oder um das Sterben geht, man kann, bei allem Respekt, beides mit Freude und Leichtigkeit angehen!

Wir selbst lachen sehr gerne und sehr viel – manchmal auch in Situationen, die auf den ersten Blick gar nicht zum Lachen scheinen – aber es hilft uns dabei, die Verbindung zum Herzen nicht zu verlieren. Das Herz will lachen und Freude spüren, egal was wir tun. Wir möchten gerne mit dem Vorurteil aufräumen, dass alles, was tiefsinnig ist, schwer und ernst sein muss. Wir möchten zeigen, dass das Leben sinnvoll und trotzdem mit Freude gelebt werden kann. Das ist auch ganz im Sinn der Tiere, denn diese machten uns in den vielen Kommunikationen, die wir führen durften, immer wieder darauf aufmerksam, dass ihre Menschen viel zu wenig auf die Freude im Leben achten! Auch für die Tiere ist es kein Widerspruch, intensiv *und* freudvoll zu leben. Sie sind immer voll und ganz da und trotzdem bereit, jeden Spaß mitzunehmen! Das sollte uns als Beispiel dienen, um es ihnen gleichzutun.

Um wieder zur Frage, was wir mit diesem Buch erreichen möchten, zurückzukommen: Unser Anliegen ist es, neue, wertvolle Wege aufzuzeigen, die ein Zusammenleben zwischen Mensch und Tier sinnvoll(er) und reich(er) machen können. Wir wünschen uns, dass immer mehr Menschen mit und von ihren Tieren lernen, um bereit zu werden, sich für neue Möglichkeiten zu öffnen und dadurch die ganze Fülle des Lebens zuzulassen. Tiere sind in viel größerem Maß für ihre Menschen da, als Sie sich momentan vielleicht vorstellen können. Gehen wir von materiellen Gesichtspunkten aus, dann geben wir natürlich sehr viel mehr. Doch sobald wir die Kraft des Herzens einschließen, erkennen wir die Größe der Gaben unserer Tiere! Wir hoffen sehr, dass wir Ihnen ganz viele Tipps geben können, die Sie spielerisch leicht in Ihr Leben zu integrieren vermögen. Wir würden uns auch sehr freuen, wenn Sie erkennen, dass die Leichtigkeit des Seins nicht nur Teil eines Buchtitels ist, sondern gleichsam der Titel zu Ihrem Leben sein kann, wenn Sie es nur zulassen.

Bei allem, was wir hier niedergeschrieben haben, ist es uns ganz wichtig, deutlich zu machen, dass es sich immer um unsere ganz eigene Sicht der Dinge, also um *unsere* Wahrheit handelt. Es stellt ein Angebot unsererseits an all diejenigen dar, die über ihren eigenen Tellerrand hinausblicken möchten. Alles, was wir hier veröffentlichen, hat ursächlich mit uns selbst und unseren Erfahrungen zu tun. Jeder Leser darf entscheiden, was sich davon für ihn stimmig anfühlt und was nicht. Wir möchten Anregungen bieten, durch die sich vielleicht etwas ganz Neues entwickeln kann. Dazu ist notwendig, dass jeder eigenverantwortlich handelt. Im Grunde ist das ganz leicht, indem man nämlich das Geschriebene nicht einfach, ohne es innerlich zu „überprüfen", als etwas Eigenes annimmt. Wie bereits erwähnt, möchten wir Anstöße geben. Anstöße, aus denen sich – eingefärbt durch Ihren eigenen und einzigartigen Charakter sowie Ihre persönlichen Erfahrungen – etwas Neues für Sie selbst, aber trotzdem etwas Eigenes mit Ihrer ganz individuellen „Note" entwickeln kann. So leid es uns tut: Wir können Ihnen die Verantwortung für Ihr Leben und das Ihres Tieres nicht abnehmen. Aber wir begleiten Sie gerne ein Stück auf Ihrem Lebensweg und hoffen, hilfreiche Impulse geben zu können.

Leider ist es uns bei allem, was wir schreiben, nicht möglich, sämtliche Facetten des Lebens abzudecken und jeden Einzelnen zu berücksichtigen. Wir möchten immer ehrlich und authentisch bleiben und können somit nur aus unserem Blickwinkel und unserem eigenen Erleben berichten. Tatsächlich kann die gleiche Situation, die von verschiedenen Menschen erlebt wird, völlig unterschiedlich wahrgenommen werden und letztlich auch ganz anders ausgehen. Das bedeutet nicht, dass die eine Situation besser oder schlechter ist als die andere. Jeder erlebt genau das, was zu ihm passt, was für ihn wichtig und richtig ist. In diesem Zusammenhang ist es auch von Bedeutung, zu sagen, dass jeder nur der Maßstab für sich selbst sein kann. Kurz gesagt: Jeder schaut auf sich und auf seine Lage und vermeidet vorschnelle Beurteilungen und Verurteilungen.

Noch etwas ist in dieser Beziehung nach unserer Erfahrung sehr wichtig: Sagen Sie möglichst niemals nie! Denn damit schließen Sie Ihre eigene Weiterentwicklung aus. Wenn Sie sich vor Jahren in einer Situation so oder so entschieden haben, dann ist genau das vermutlich zu diesem Zeitpunkt für Sie eine gute Entscheidung gewesen. Dies trifft natürlich nur für den Fall zu, dass Sie nach Abwägung aller Kriterien zu Ihrer damaligen Entscheidung gelangt sind. Würden Sie Jahre und Erfahrungen später die gleiche Entscheidung zu treffen haben, Sie würden möglicherweise anders handeln. Wenn Sie jedoch unter heutigen Gesichtspunkten zu dem Schluss kommen, dass die frühere Entscheidung falsch war, dann war sie es zum Zeitpunkt der Entscheidungsfindung eben nicht. Sehr treffend ist hier das Zitat von Konrad Adenauer: „Was interessiert mich mein Geschwätz von gestern?" Dieses Zitat sagt nämlich im Grunde aus, dass ich mich unter neuen Bedingungen, neuen Gesichtspunkten und neuen Erfahrungen durchaus anders entscheiden kann und auch darf. Schließlich lernen wir ständig dazu, bleiben niemals stehen und dürfen sogar unsere Meinung und Einstellung ändern. Dabei geht es nicht darum, so zu sein wie das Wetterfähnchen, das sich mit dem Wind dreht, sondern darum, Entwicklungsprozesse zuzulassen. Also verurteilen Sie sich *nie* für etwas, was Sie in der Vergangenheit glauben falsch gemacht zu haben. Darum geht es uns nicht und darum geht es auch im Leben nicht! Worum es vielmehr geht, ist, dass man sich erlaubt, Erfahrungen zu machen; denn diese sind es, die es ermöglichen, dass wir uns weiterentwickeln. Sie sind es, die uns helfen, zu neuen Erkenntnissen und Einsichten zu gelangen. Schon Konfuzius sagte: „Die Erfahrung ist wie eine Laterne im Rücken; sie beleuchtet stets nur das Stück Weg, das wir bereits hinter uns haben." Aber genau dieser beleuchtete Lebensabschnitt im Rücken ermöglicht uns, in der Zukunft anders zu handeln. Das macht Erfahrung aus: Dank der Einsicht – auch aus scheinbar falschen Entscheidungen – neue Möglichkeiten und Ansichten ins Leben einzuladen.

Wir selbst lernen jeden Tag neu, was es heißt, bewusst zu sein im Umgang mit seinem Tier. Fragen Sie unsere Tiere, die werden Ihnen einiges erzählen! Es macht uns stolz und glücklich, dass unsere Hunde, unsere Katzen und alle Tiere, die wir am Wegesrand „treffen", uns begleiten und immer wieder unser Leben auf den Kopf zu stellen scheinen. Es scheint aber nur so, denn in Wahrheit verstehen sie es lediglich wie niemand sonst, den Trott, der sich leider allzu schnell einschleicht, in Lebendigkeit zu verwandeln. Sie haben keinerlei Scheu, uns auf ihre Art und Weise darauf hinzuweisen, wie falsch wir liegen, wenn wir in menschlicher „Verbissenheit" nach Lösungen suchen, wo sie doch nicht selten direkt vor unserer Nase liegen. In diesem Zusammenhang möchte ich meiner Katze Balou danken, die mir mit nur zwei kurzen, gelassen ausgesprochenen Worten („im Flur") geholfen hat, meine Brille wiederzufinden, die ich verzweifelt im ganzen Haus suchte.

Wir wissen, wovon wir sprechen, denn wir durften ebenso an – vermeintlich – falschen Handlungen wachsen und das werden, was wir heute sind. Und unser Weg ist noch lange nicht zu Ende. So sind auch wir, die wir für so viele Menschen und Tiere „Lebensberater" sein durften und dürfen, selbst oft Suchende. Doch mit einem Tier an der Seite und mit einem sehenden Herzen sucht man weder lange noch vergeblich. Mit einem Tier an der Seite ist die Lösung immer nahe. So nahe, wie das Tier, das man liebt. Egal welche Form und Größe das Tier hat. Der kleinste Hamster (Danke Summer, für deine weisen, vor Leben sprühenden Worte!) kann große Ratschläge erteilen. In der Seele sind wir alle Schwestern und Brüder, egal ob Mensch oder Tier. Auch das in das Bewusstsein zurückzubringen, ist uns ein Anliegen. Tiere helfen uns voller Liebe und Geduld, das Herz zu öffnen für die Freude und die Tiefe des Lebens. Seien Sie bereit und halten Sie Ausschau nach den kleinen und großen Wundern am Wegesrand, die das Leben für Sie bereithält.

Wir freuen uns, dass wir Sie ein Stück begleiten dürfen auf dem Weg. Wohin er führen wird, darf jeder für sich selbst herausfinden.

Bevor wir uns gemeinsam auf den neuen Weg begeben, liegt uns noch etwas auf dem Herzen. Wir werden uns in diesem Buch hauptsächlich mit den Tieren beschäftigen, die in enger Gemeinschaft mit uns leben. Doch bevor wir mit unseren Ratschlägen für eine neue Art von Zusammenleben mit Haustieren beginnen, möchten wir auf alle Tiere aufmerksam machen, die nicht im gleichen Umfang gesehen und geachtet werden wie unsere Haustiere, ganz besonders jedoch auf die so genannten Nutztiere. Diesen Tieren gebührt sehr viel mehr Achtung und Respekt als sie gemeinhin erfahren. Es würde ein eigenes Buch füllen, nur über diese wunderbaren Wesen zu schreiben. Das können wir im Rahmen dieses Buches nicht leisten, möchten aber trotzdem mit einigen Worten auf diese oft verkannten Mitgeschöpfe hinweisen. Schon allein die Bezeichnung „Nutztiere" hat in unseren Augen einen unschönen Beigeschmack. So, als ob wir sie nur deshalb dulden, weil sie für uns nützlich sind, ungeachtet dessen, dass wir für sie offensichtlich keinerlei Nutzen haben. Hier herrscht ein grobes Missverhältnis zwischen Geben und Nehmen, was sich auf Dauer für den, der nur nimmt, sicherlich nicht positiv auswirken kann. Wir möchten aber niemanden verurteilen oder bekehren, ganz im Gegenteil. Jeder darf und soll auch in diesem Zusammenhang die Verantwortung für sein Handeln oder Nicht-Handeln selbst übernehmen. Was wir jedoch möchten, ist, darauf hinzuweisen, dass auch und besonders diese Tiere es mehr als verdient haben, mit einem neuen Bewusstsein betrachtet zu werden. Jeder von uns hat es in der Hand, wie er einen anderen sieht und mit ihm umgeht. So könnte der Umgang mit den Tieren, die von so großem Nutzen für die Menschen sind, allein dadurch eine Wandlung erfahren, dass jeder damit beginnt, dankbar und bewusst anzuerkennen, dass hinter dem angebotenen Endprodukt ein Lebewesen steht. Es sollte nicht als Selbstverständlichkeit gesehen werden, dass andere ihre Unversehrtheit und ihr Leben für uns opfern. Wichtig scheint uns, dass das gebrachte „Opfer" zumindest entsprechend gewürdigt wird, weil sich allein dadurch schon eine Veränderung einstellen kann. Denn bewusst hinzuschauen führt oftmals dazu, dass man das herrschende Ungleichgewicht überhaupt erst wahrnimmt. Wer dann noch einen Schritt weitergehen will, kann darüber nachdenken, sein Verhalten als Verbraucher generell zu verändern. Jeder Einzelne sollte realisieren, welche Macht er tatsächlich hat. Alleine mit der Kaufentscheidung für ein bestimmtes Produkt kann man Zeichen setzen. Auf diese Weise kann jeder von uns aktiv mitgestalten. Wenngleich neue Entwicklungen sicher nicht von Heute auf Morgen erwartet werden können, so zählt dennoch auch hier jede einzelne bewusst getroffene Entscheidung: Entweder in die eine oder eben in die andere Richtung. Wir können nur Mut machen, sich möglichst bewusst nur für das zu entscheiden, was man wirklich unterstützen möchte, weil man voll und ganz dahinterstehen kann. Folgen Sie, auch was Ihre Kaufentscheidung betrifft, Ihrem Gefühl, und versuchen Sie, sich den von außen kommenden Manipulationsversuchen entgegenzustellen, wenn diese nicht Ihren eigenen Wünschen oder Vorstellungen entsprechen. Anders ausgedrückt: „Was du nicht willst, das man dir tu, das füg auch keinem andern zu." So gesehen ist es für jeden Einzelnen nur ein kleiner, jedoch für die betroffenen Tiere ein sehr großer Schritt in eine neue, gute Richtung.

Welche Kraft hat unsere individuelle Wahrnehmung?

Spätestens nach Veröffentlichungen wie „The Secret" oder auch „Intelligente Zellen" ist den Lesern dieser Bücher bekannt, dass jeder für sich selbst entscheidet, was sich in seinem Leben zeigt. Grundlage dieser Erkenntnis sind wissenschaftlich angelegte Experimente, in denen nachgewiesen wurde, dass der Beobachter das beobachtete Ziel maßgeblich beeinflusst, auf das er seinen Fokus gerichtet hat. Diese Erkenntnis ist tatsächlich sensationell. Denn damit wird auch bewiesen, dass nicht die Materie das Individuum beeinflusst, sondern genau umgekehrt. Damit sind wir selbst für das, was wir sehen, erleben und wie wir etwas empfinden – also im Grunde für unser gesamtes Leben und Erleben – verantwortlich und ihm nicht hilflos ausgeliefert.

Am Beispiel einer Grippe kann das wie folgt aussehen: Wenn ich befürchte, dass ich mich – wie viele andere um mich herum auch – an einem Grippe-Erreger anstecken werde, so wird vermutlich genau das passieren. Das Fatale an dieser Situation ist, dass ich mit dieser Haltung die Grippe geradezu einlade. Ich biete ihr damit erst den Resonanzboden, auf dem sie wachsen und gedeihen kann. Bis hierhin ist das noch kein großes Problem, wenn es „nur" um eine Grippe geht. Sehr viel schwieriger wird die Situation, wenn es sich um eine lebensbedrohliche Krankheit, wie z.B. Krebs, handelt. Alleine die Diagnose „Krebs" löst beim Patienten bereits oft schon einen Schock aus. Dieser kann schwerwiegende Folgen haben; denn nicht selten kann der Krebskranke, nachdem die Diagnose ausgesprochen wurde, zumindest vorübergehend nicht ausreichend

Kraft und Lebensmut aufbringen, um sich positiv mit der Krankheit auseinanderzusetzen. Leider geht dabei meistens wertvolle Zeit verloren.

Trotzdem kann sich jeder von uns jederzeit entscheiden, ob er eine Angelegenheit positiv oder negativ bewertet. Damit legen wir selbst in jedem Fall den Grundstein für die weitere Entwicklung. Aus eigener Erfahrung kann ich am Beispiel unserer Katze Muffin berichten, wie sich eine positive Sichtweise auswirkt:

Bei der Kastration unserer Katze Muffin bemerkte die operierende Tierärztin während des Eingriffs, dass Muffins Gewebe Anzeichen aufzeigte, die auf eine Immunschwäche-Erkrankung hinzuweisen schien. Eine durchaus normale Reaktion in einem solchen Fall wäre vielleicht, sich Sorgen zu machen und sich zu fragen: „Ach, du meine Güte! Was mache ich denn jetzt? Was wird mit meinem Tier passieren? Welche schlimme Krankheit steht bloß dahinter?" Diese Vorgehensweise hat normalerweise zur Folge, dass irgendwann der Zeitpunkt erreicht ist, an dem man sich eine sichere Beurteilung der Situation und der möglichen Folgen wünscht – ungeachtet dessen, das es diese angestrebte Sicherheit unter Umständen gar nicht gibt. Diese Reaktion kann möglicherweise der Beginn vieler Untersuchungen – meist mit vagem Ausgang – bedeuten und wird vermutlich nicht ohne Stress für alle Beteiligten ablaufen. Schon allein durch die mit der Suche nach Sicherheit verbundene emotionale Belastung kann der gesamte Verlauf negativ beeinflusst werden. Im schlimmsten Fall entsteht so aus einer Veranlagung überhaupt erst eine Krankheit. Diesen Teufelskreis sind wir in Muffins Fall bewusst nicht eingegangen, da wir die scheinbar negative Prognose lediglich als eine Information zur Kenntnis genommen haben. Wir haben dieser Aussage nicht mehr Gewicht beigemessen als sie nach unserer Ansicht verdient hatte. Damit wurde diesem scheinbar negativen Umstand die Kraft genommen und eine neue, positive Richtung möglich. Wir glauben, dass Muffin auch dadurch die Möglichkeit bekam, ihr Leben ohne Einschränkungen zu leben. Wir schenkten ihr damit das Vertrauen, selbst zu entscheiden, ohne dass ihr eine Angst auferlegt wurde, die nicht ihre eigene war. Unnötig zu erwähnen, dass sie sich seit vielen Jahren bester Gesundheit erfreut.

Wichtig ist mir in diesem Fall noch, dass die Problematik nicht im Erkennen der Anzeichen auf ein mögliches Krankheitsgeschehen liegt. Das ist absolut in Ordnung und auch wichtig, denn schließlich soll ja nichts übersehen oder verdrängt werden. Entscheidend ist allein, wie mit dieser Information umgegangen wird. Meine persönliche Lernaufgabe habe ich darin gesehen, dass ich erkennen lernte, wie viel Kraft in einer gelassenen Sichtweise steckt. Die Bewertung einer Information bzw. Situation kann den Verlauf einer Angelegenheit maßgeblich positiv oder negativ beeinflussen. Sehe ich etwas negativ, kann die Situation vermutlich eher entgleiten, als wenn dem Ganzen eine positive Bewertung zugedacht wird. Am sinnvollsten ist es jedoch, überhaupt nicht zu bewerten, sondern einfach nur das anzunehmen, was ist. Das alleine genügt oft schon, um die Energie in eine positive Richtung zu lenken.

Was wir auf keinen Fall möchten, ist, dass Sie nun jede Krankheit oder jedes Krankheitssymptom ignorieren und jede Behandlung vermeiden. Selbstverständlich verdient jedes Tier, dass seine Krankheit und die Symptome, die es zeigt, wahrgenommen und beachtet werden.

Uns ist aber wichtig, wie Sie mit dem umgehen und wie sie das beurteilen, was sich da als Krankheit manifestiert. Allein die Vermutung, dass irgendwann einmal eine Krankheit ausbrechen könnte, kann derart in Angst versetzen, dass die Krankheit tatsächlich ausbricht. Wie bereits erwähnt, ist dabei nicht zu unterschätzen, dass schon eine ausgesprochene Diagnose verheerende Folgen haben kann. Das muss aber nicht sein! Wie eine Krankheit verläuft, liegt tatsächlich immer am Kranken selbst. Nicht allein die Diagnose lässt verzweifeln, sondern noch mehr die Reaktion darauf und der Umgang damit. Es gibt, neben vielen Menschen, die im wahrsten Sinne des Wortes an einer Krankheit leiden, immer auch solche, denen eine Krankheit nichts anhaben kann. Allein die Art und Weise, wie wir mit einer Krankheit umgehen, entscheidet, ob sie uns etwas anhaben kann oder ob wir sie zu meistern lernen. Wir selbst müssen die Verantwortung dafür übernehmen. Leider bietet die übliche Medizin keine wirkliche Hilfe dabei, positiv mit Krankheit umzugehen; und weil sie nicht positiv mit Krankheit umgehen kann, werden leider auch die Hintergründe meist nicht näher betrachtet.

Ein anderer Fall der gleichen Thematik stellt die Wirkungsweise von Placebos dar. Es ist erwiesen, dass verabreichte Placebos (dies sind Medikamente ohne Wirkstoffe) oft ähnlich wirksam sind wie das Medikament selbst. Und nicht alleine das: Darüber hinaus sind sie auch noch frei von jeglichen Nebenwirkungen. Interessant ist in diesem Zusammenhang, dass alle therapeutischen Maßnahmen ohne naturwissenschaftlichen Nachweis bei positiver Wirkung als Placebo-Effekt bezeichnet werden.

Hierzu können wir Ihnen ein Beispiel – dieses Mal nicht im Zusammenhang mit Tieren – schildern, bei dem wir zugegebenermaßen selbst schon schmunzeln mussten: Die Zwillinge meiner Freundin Yvonne fühlten sich nicht wohl. Die Symptome der Kinder waren jedoch nicht so schlimm, dass wir uns hätten Sorgen machen müssen. Leider konnten wir die behandelnde Heilpraktikerin nicht erreichen und hatten damals selbst noch keine homöopathische Hausapotheke. Not macht bekanntlich erfinderisch und so hatte ich die rettende Idee. Zum Backen und Verzieren von Kuchen gibt es kleine rosa und weiße Zuckerperlen. Die haben wir uns besorgt und gaben den Kindern jeweils drei der weißen Perlchen mit dem Hinweis, dass es sich dabei um von der Heilpraktikerin verordnete Globuli handele. Die Heilpraktikerin kannten die beiden sehr gut. Zu ihr hatten und haben sie großes Vertrauen. Sicher ahnen Sie schon, wie die Geschichte weitergeht. Die Zwillinge waren schnell wieder fit und gesund. Vermutlich waren alleine die Information, dass die „Globuli" von der Heilpraktikerin verordnet wurden, und der Umstand, dass die Zuckerperlchen den „echten" Globuli nicht unähnlich waren, ausreichend, um den Heilungsprozess in Gang zu setzen.

Uns ist natürlich klar, dass so etwas nicht in jedem Fall zu erreichen ist. Jedoch wird anhand dieser Situation deutlich, wie kraftvoll das Vertrauen in eine Therapie oder einen Therapeuten wirken kann.

Bei der beschriebenen Problematik ist uns dabei ganz besonders wichtig, dass wir einen positiven Umgang auch mit scheinbar „schlechten" Informationen oder Diagnosen etc. lernen. Denn alleine der Umstand, wie wir mit Krankheiten und deren Symptomen umgehen, kann den Verlauf der Erkrankung und den Heilungsprozess (man könnte auch Entwicklungsprozess sagen) fördern oder hemmen. So gesehen, können auch scheinbar schwere Erkrankungen ein Stück weit ihren Schrecken verlieren.

Im Zusammenleben mit unseren Tieren bedeutet das, dass unsere Tiere in dem Energiefeld leben, das wir ihnen bieten. Sie können von unserer Energie profitieren, jedoch können sie davon im schlimmsten Fall auch negativ beeinflusst werden.

Lernaufgaben:

- Versuchen Sie das, was Sie in Ihrem Leben sehen und erleben, nicht zu bewerten.
- Erkennen Sie, wie entscheidend Ihre persönliche Wahrnehmung sein kann.
- Versuchen Sie alles, was Sie direkt betrifft und was auf den ersten Blick negativ erscheinen mag, anders zu sehen, in dem sie umschalten von negativem auf positives Denken.
- Machen Sie sich bewusst, wie Ihr Tier möglicherweise im positiven Sinne von Ihnen profitiert.

Der erste neue Wegabschnitt –
Die bewusste Entscheidung
für (m)ein Tier

Die Gründe, warum Menschen mit Tieren leben möchten, sind vermutlich so vielfältig wie es Tierhalter gibt. Jeder von uns hat und ist eine ganz individuelle Persönlichkeit und lebt sein eigenes Leben – mal mehr, mal weniger bewusst. Jeder von uns hat sein persönliches soziales Umfeld und macht seine ganz eigenen Erfahrungen. So gibt es Menschen wie Sie, die dieser Buchtitel angesprochen hat und die sich nun dem Inhalt widmen möchten. Genauso gibt es aber auch Menschen, die dieses Buch nie in die Hand nehmen werden. Möglicherweise werden sie es erst gar nicht sehen, selbst wenn sie direkt davor stehen. Dieses Buch ist aber Menschen wie Ihnen, liebe/r Leser/in gewidmet, denn zum Nutzen und zur Freude für Sie und Ihre Tiere ist dieses Buch entstanden.

Wir leben in einer Gesellschaft, in der Tiere nicht selten als die vermeintlich besseren Lebenspartner angesehen werden. Es ist nämlich tatsächlich nicht mehr so, dass Tiere in der Mehrzahl in Familien mit Kindern leben. Häufig leben Tiere bei Kinderlosen oder Alleinstehenden. Sie sind damit nicht mehr Gesellschaft und „Spielzeug" für die jüngere Generation, sondern häufiger der „Ersatz" für Familie oder den Partner. Nicht selten teilen Menschen mit ihren Tieren alles und öffnen ihnen die Türen zu ihrem Herzen. Dies fällt oft leichter gegenüber einem Tier als gegenüber einem menschlichen Partner, denn Tiere sind ihren Menschen bedingungslos treu und in tiefer Liebe ergeben. Wo die Offenheit zu Menschen – möglicherweise wegen zu vieler Enttäuschungen – nicht mehr möglich ist, werden heutzutage vielfach Tiere zu (Lebens)Partnern.

Im Grunde weiß jeder, dass man die Entscheidung für ein Tier niemals leichtfertig treffen darf. Beispielsweise ein Tier zu Weihnachten zu verschenken, ist keine gute Idee. Viele Aspekte gilt es bei der Entscheidung für ein Tier zu beachten. Wer vor der Entscheidung steht, ein Tier bei sich aufzunehmen, der sollte sich schon vorab über einige Dinge informiert und Klarheit verschafft haben. So können sie später nicht zum Problem werden. Verantwortliches Handeln setzt hier voraus, dass man sich vor der Anschaffung eines Tieres über die Folgen bewusst wird.

Nicht nur der Mensch selbst, auch die verschiedenen Tierarten haben die unterschiedlichsten Bedürfnisse. Diesen Bedürfnissen muss Beachtung geschenkt werden. Tut der Mensch es nicht, wird sich die Beziehung zwischen ihm und seinem Tier möglicherweise schwierig gestalten. Zumindest sind die Voraussetzungen für ein wirklich entspanntes und glückliches Zusammenleben mit dem Tier nicht ideal. Das muss aber nicht so sein, denn wenn man sich rechtzeitig über einige Umstände klar wird, ist der Grundstein für eine glückliche und bereichernde Partnerschaft von Mensch und Tier gelegt.

In deutschen Haushalten leben unzählige Heimtiere, egal ob Katzen, Hunde, Kleintiere oder Vögel. Sie bereichern unser Leben um ein Vielfaches. Ganz besonders *die* Menschen profitieren von dem Miteinander, die das Tier – und sei es auch noch so klein – als soziales Wesen anerkennen. Wenn Menschen Tieren neben ihren natürlichen biologischen Bedürfnissen auch die Würde des beseelten Lebewesens zuerkennen, dann werden sie ihnen auf jeder Ebene gerecht und bieten damit die Grundlage für ein wirklich bewusstes Miteinander. Dieses bewusste Zusammenleben mit dem Tier ermöglicht uns Menschen ein enormes Wachstumspotenzial. Dieses Potenzial zu nutzen, erfordert, dass wir nicht nur uns, sondern auch unseren Tieren ein spirituelles Dasein zugestehen. Es sollte uns gelingen, in ihrem ganzen Sein, ihren Verhaltensweisen, ihren Eigenheiten und sogar ihren Krankheiten den Spiegel zu sehen, den sie uns damit vorhalten. Ob wir es bewusst wissen oder nicht: Tiere sind wie wir geistige Wesen der gleichen Schöpfung. Aus diesem Grund sollten wir Tiere achten, wie alles andere Göttliche und Wunderbare in unserer Welt.

Wichtig ist also, sich vor der Anschaffung über einige Dinge klar zu werden:

Welche Möglichkeiten können Sie Ihrem Tier anbieten? Wie viel Zeit können Sie Ihrem Tier widmen? Welchen finanziellen Spielraum haben Sie zur Verfügung?

Wie können Sie die Versorgung Ihres Tieres im Urlaub regeln? Hat jemand in der Familie eine Tierhaar-Allergie (für den Fall das erwählte Tier hat Fell)? Für viele Fragen gilt es, Antworten zu finden. Es nützt niemandem und ist sogar sehr schmerzlich für alle Beteiligten, wenn Sie ein Tier wieder zurückgeben müssen, weil Sie erst nach seinem Einzug feststellen, dass Sie seine Bedürfnisse nicht erfüllen können. Man sollte bei der Beantwortung aller wichtigen Fragen ehrlich sein. Wenn ich mich für einen Hund entscheide, dann muss ich auch wissen, dass ich das Tier nicht zehn Stunden lang alleine lassen kann. Hier sollte man auch immer den nötigen Weitblick besitzen, um diese Frage für die voraussichtliche Lebensdauer des Tieres klären zu können. Das Tier ist immer auf die Fürsorge des Menschen angewiesen und ihm damit auch ein Stück weit ausgeliefert. Dieser Verantwortung sollten wir Menschen uns nicht nur bewusst sein, wir sollten auch bereit sein, uns ihr zu stellen.

Bevor wir uns – vor nun schon dreizehn Jahren – für unsere Hündin Sandy entschieden hatten, wurden mit unseren Kindern ganz offen einige Fragen besprochen. Für uns war ganz klar, dass mein Mann und ich für die Betreuung unserer Sandy sorgen mussten. Doch die Frage nach den gemeinsamen Familienurlauben haben wir mit unseren Kindern besprochen. Wir waren uns alle einig, dass wir für die Zeit, die Sandy gemeinsam mit uns leben würde, keine Flugreisen unternehmen konnten. Vielleicht auch weil die Entscheidung damals gemeinsam getroffen wurde, hat sich später nie ein Kind darüber beschwert, dass wir keinen „coolen" Urlaub auf Mallorca verbrachten. Es wäre tatsächlich auch für mich persönlich sehr schade, hätten wir diese Entscheidung für Sandy seinerzeit nicht getroffen; denn im Grunde ist sie es, die dafür verantwortlich ist, dass ich einen neuen Lebensweg beschritten habe. Durch sie habe ich den Entschluss gefasst, die Ausbildung zur Tierheilpraktikerin zu beginnen. Dieser Ausbildung sind nicht nur weitere Ausbildungen in diese Richtung gefolgt, auch als Mensch habe ich neue Perspektiven und Ideen, letztlich auch neue Lebensinhalte und Ziele für mein Leben gewonnen. Ich selbst konnte mich in viele Richtungen neu ausprobieren und weiterentwickeln. Auch darum weiß ich, diese Hündin ist für mich ein Geschenk des Himmels, eine spirituelle Lehrerin, wie ich sie in Menschengestalt nicht besser hätte finden können.

Manchmal kommt ein Tier, wenn man sich in einer vermeintlich ausweglosen Situation befindet. Es steht dann auf der Schwelle und möchte behilflich sein, damit der Mensch wieder auf seinen Weg zurückfindet. So geschehen bei einem uns bekannten Kater, der genau dann bei seinen Menschen einzog, als diese sich in einer besonders schwierigen Lebensphase befanden. Er brachte neuen Lebensmut, Freude und Unterstützung in deren Leben, und zwar genau zu dem Zeitpunkt, als all das wirklich dringend gebraucht wurde.

Manchmal kommt ein Tier, wenn Stillstand eingetreten ist, um durch sein Erscheinen wieder Leben sowie vermeintlich Unruhe und damit gleichzeitig aber auch wieder Chancen zum Wachstum zu bringen. So zeigte es sich bei Perserkater Sammy, der den ruhigen 4-Katzendamen-Haushalt ordentlich aufmischte und neuen Schwung in eingefahrene Gleise brachte.

Aus eigener Erfahrung kann ich sagen, dass unsere kleine Katze Muffin nicht nur in der Familie aufzeigt, dass Stillstand immer Rückschritt bedeutet. Auch unseren etwas älteren, mittlerweile verstorbenen Kater Jakob wusste sie, durch ihr Wesen und ihre Art mit dem Leben umzugehen, zu ungeahnten neuen Entwicklungsstufen zu führen. Sicher fiel Jakob das nicht immer leicht. Doch wir wissen zu schätzen, dass es ihm unter ihrer manchmal auch gnadenlosen Führung gelang, sich zu einem selbstbewussten Kater zu entwickeln.

Neben den Fragen, was Sie dem Tier anbieten können, müssen im gleichen Maß auch die Fragen Beachtung finden, welche Erwartungen Sie an das Tier haben. Bevorzugen Sie die Schmusekatze auf der Couch oder suchen Sie die meditative Erholung nach einem anstrengenden Arbeitstag beim Anblick Ihrer Fische im Aquarium? Erfreut Sie das fröhliche Singen und Zwitschern von Vögeln in der Voliere? Oder können Sie auch den positiven Aspekt erkennen, wenn Sie mit Ihrem Hund bei Regen und Sturm nach draußen müssen? Fühlen Sie sich bereichert, wenn Ihr Goldhamster in seiner Behausung mit entsprechender akustischer Untermalung die Nacht zum Tag macht? Sie merken schon, worauf wir hinaus wollen: Die verschiedenen Tierarten bringen ganz unterschiedliche Lebensweisen mit sich. Über diese und die Möglichkeiten, die der Mensch dem Tier anbieten kann, sollte man sich klar werden.

Mit der neuen Sichtweise, die wir in diesem Buch aufzeigen möchten, können Sie noch einen Schritt weiter gehen. Versuchen Sie bei dem Wunsch nach einem tierischen Kameraden mit einzubeziehen, welches Tier für Sie dasjenige ist, das Ihren Weg des Wachstums bereichert und Ihnen maßgeblich hilft, sich klar(er) erkennen zu können. Schauen Sie dem Tier, das Ihr Herz berührt, nicht nur in die Augen, sondern werfen Sie auch einen Blick in sein Herz. Was genau berührt es in Ihnen? Ist es ein Gefühl, dass Sie auch auf lange Sicht noch (er)tragen können? Ist es etwas, was Sie von sich nur zu gut kennen? Erkennen Sie sich in dem Tier wieder? Oder hat es gar etwas, was Ihnen – noch – fehlt? Wenn Sie auch diese Aspekte mit berücksichtigen, kann das Zusammenleben mit Ihrem Tier nicht nur zu einer runden Sache werden, sondern sie haben damit auch die Chance, sich persönlich in vorher ungeahnte Richtungen zu bewegen. Sicher bedeutet dies nicht zwangsläufig, dass in der Beziehung zu Ihrem Tier stets eitel Sonnenschein herrschen wird. Ziemlich sicher ist aber, dass Sie mit Ihrem Tier neue Ideen und Anregungen bekommen und vielleicht auch neue Sichtweisen und Möglichkeiten in Ihr Leben einladen. Ganz sicher hingegen ist, dass Sie genau das bekommen, was Sie benötigen. Wir wünschen allen, dass Sie dann auch bereit sind, diese Tatsache so anzunehmen, wie sie gemeint ist: Als eine nahezu einmalige und wundervolle Chance der persönlichen Weiterentwicklung.

Wenn Sie sich also mit der Beantwortung aller Fragen Klarheit verschaffen konnten, dann ist die Grundlage für eine achtsame und bereichernde Partnerschaft gelegt. So kann sich die Gemeinschaft Mensch – Tier zu einer für beide lohnenden Beziehung entwickeln. Nutzen Sie die Möglichkeit, ein Haustier als das anzuerkennen, was es ist: Ein sehr kostbares Geschenk, dass natürlich trotz allem auf Ihre Fürsorge angewiesen ist.

Die Thematik „Warum gerade diese Tierart" oder auch „Zu welchem Mensch passt welches Tier" wurde bereits in diversen Veröffentlichungen erschöpfend bearbeitet. Darum möchten wir hier nur am Rande auf diese Zusammenhänge eingehen. Vielleicht ist Ihnen auch schon aufgefallen, dass es Menschen gibt, die sich immer wieder ein Tier der gleichen Art, manchmal sogar der gleichen Rasse ins Haus holen. Warum ist das so? Steckt eventuell eine besondere Strategie dahinter? Möglich, dass die Betreffenden gute Erfahrungen mit dieser Tierart, mit dieser Rasse gemacht haben. Unserer Erfahrung nach ist es aber noch viel mehr, was einen Menschen dazu bringt, sich zu einer bestimmten Tierart oder Tierrasse hingezogen zu fühlen; denn so manches Mal kommt sogar ein Tier ins Haus, das gar nicht vorgesehen war. Statt eines Hundes vielleicht eine Katze oder statt der Katze vielleicht ein Kaninchen. Wir finden, dass alles schon seine Richtigkeit hat. Denn es kommt immer das zu uns, was wir in diesem Moment am dringendsten benötigen!

Beschäftigen wir uns intensiver mit dem Wesen des Tieres, das zu uns gefunden hat, dann finden wir sehr schnell heraus, dass genau dieses Tier in der augenblicklichen Situation zu uns passt wie kein anderes. Es ist sehr hilfreich, darüber nachzudenken, was genau dieses Tier hat, das für mich wichtig sein könnte. Was zeigt es? Welche Wachstumsmöglichkeit bietet es? Was bedeutet dieses Tier für mich?

Wir möchten versuchen, das Wesen der Tiere, die unsere Begleiter sind, ergründen zu helfen. Aus diesem Grund weisen wir in kurzen Stichworten auf die Besonderheiten der einzelnen Tierarten hin, so wie wir sie erleben. Es mag sein, dass Sie genau das gleiche Tier ganz anders sehen oder für Sie ganz andere Themen im Vordergrund stehen. Machen Sie sich ihr eigenes Bild. Versuchen Sie zu ergründen, was das für Sie alleine bedeutet. Die Bedeutungen sind nicht für jeden gleich, dem einen fehlt etwas, was das Tier zeigt, dem anderen hält das Tier den Spiegel vor. Wir haben die Eigenschaften der Tiere gewählt, die am häufigsten an unserer Seite sind. Sie selbst sind es, der zusammen mit seinem Tier dem Ganzen einen eigenen Sinn gibt. Wir können nur Mut machen, Ihren Blick tiefer zu richten und dadurch vielleicht herauszufinden, was Ihr Tier Ihnen zeigen will. Nur so werden Sie vieles sehen können, was sonst für das äußere Auge unsichtbar bleibt.

Die **Katze** steht für:

* Mystik – Übersinnlichkeit – Hellsichtigkeit
* Gegensätzlichkeit – Zartheit – Wildheit
* Unberechenbarkeit – Angriffslust

- Freiheitsliebe – Unabhängigkeit
- Individualität – Echtheit
- Distanziertheit – Introvertiertheit – Arroganz
- Wärme – Entspannung – Gelassenheit – Genuss
- Geschmeidigkeit – Schönheit – Beweglichkeit – Eleganz
- Sauberkeit
- Kompromisslosigkeit – Eigenwilligkeit – Selbstbewusstsein
- Leichtigkeit – Verspieltheit – Charme
- Egoismus – Kratzbürstigkeit
- und vieles mehr

Der **Hund** steht für:

- soziale Integrität – Treue – bedingungslose Liebe – Verlässlichkeit
- Familiensinn – Gemeinsamkeit – Hierarchie – Teamwork
- Stabilität – klare Strukturen
- Wachsamkeit – Hellhörigkeit
- Fähigkeit zur Hingabe
- Geruchssinn
- Vertrauen
- Wetterfestigkeit
- Gehorsam
- Bewegungsfreude
- und vieles mehr

Das **Pferd** steht für:

- Freiheit – Weite – Aufbruch
- Kraft – Schönheit – Eleganz
- Schnelligkeit
- Weitblick
- Ausdrucksstärke
- Geselligkeit

- Führungsqualität
- Unterordnung
- Anmut
- Sprunghaftigkeit
- Stattlichkeit
- Lastenträger – Zugkraft
- und vieles mehr

Das **Meerschweinchen** steht für:

- Geselligkeit – soziale Struktur
- Vorsicht – Neugier – Chaos – Offenheit
- Fröhlichkeit – Liebenswürdigkeit
- Scheue – Schreckhaftigkeit
- Gesprächigkeit
- Frechheit
- Friedlichkeit
- und vieles mehr

Das **Kaninchen** steht für:

- Freundlichkeit – Gutmütigkeit
- Distanz – Zurückhaltung
- Schnelligkeit – Sprunghaftigkeit
- Ängstlichkeit
- Fruchtbarkeit
- Opferbereitschaft
- Wachsamkeit
- Lautlosigkeit
- Angepasstheit
- und vieles mehr

Der Vogel steht für:

- Leichtigkeit – Zartheit
- Gesang – Musik – Poesie
- Flügel verleihen
- Aufwachen
- Himmel
- Überwindung der Schwerkraft
- Farben
- Geselligkeit – Heiterkeit
- Mut
- Ausdruckskraft
- Imitation
- Treue
- Gesprächigkeit – Lautstärke
- und vieles mehr

Nun – konnten Sie sich in dem einen oder anderen Tier entdecken? Oder haben Sie gar Eigenschaften gefunden, die Sie neugierig gemacht haben auf das jeweilige Tier? Was von dem Beschriebenen öffnet Ihr Herz? Vielleicht benötigen Sie genau das Tier, dessen Eigenschaften Sie am stärksten berühren? Engen Sie sich also nicht ein, indem Sie nur auf ein bestimmtes Tier fixiert sind, sondern lassen Sie zu, dass das Tier kommen darf, das in genau diesem Moment für Sie größtmögliches Wachstum verspricht. Es kann aber auch schon ein erster guter Schritt sein, wenn Sie nur erkannt haben, wie vielschichtig jede einzelne Tierart ist, unabhängig von seiner Größe, Form und Farbe.

Lernaufgaben:

Wenn Sie bereits Tierhalter sind:

- Versuchen Sie zu hinterfragen, warum genau Ihr Tier an Ihrer Seite ist.
- Versuchen Sie mit Hilfe Ihres Tieres eine Antwort auf die Frage zu bekommen, in welcher Lebensphase Sie Ihr Tier unterstützt.

Wenn Sie sich für ein Tier entscheiden möchten:

- Beschäftigen Sie sich mit dem Wesen des Tieres, das Ihnen zusagt, und schauen Sie bewusst, welches Tier in Ihrer momentanen Lebenssituation zu Ihnen passt.
- Überprüfen Sie genau, ob Sie den Lebensraum und die Lebensqualität bieten können, die das Tier benötigt.

Der zweite neue Wegabschnitt –
Offen sein für das Schicksal

Sie haben also viel überlegt und sind sich nun darüber im Klaren oder glauben zu wissen, wie die tierische Partnerschaft, Ihr tierischer Partner aussehen soll. Sie haben sich bewusst gemacht, was Sie erwarten und was Sie sich wünschen. Der Weg ist frei, der äußere und innere Raum ist geschaffen dafür, dass ein neues Tier ins Haus kommen kann. Sie haben lange, sehr lange darüber nachgedacht, welches Tier es sein soll, welches Tier zu Ihnen passt. Aber jetzt soll es möglichst schnell gehen. Am besten vorgestern!

Sich genügend Zeit zu geben und zu nehmen, ist jedoch ein wesentlicher Faktor, wenn die Dinge bewusst angegangen werden. Oder anders ausgedrückt: Wenn man glaubt, dass alles ganz schnell gehen müsse, sollte man sich besonders viel Zeit lassen. Getreu dem Motto: Wenn du keine Zeit hast, mach langsam! Nichts im Leben kann erzwungen werden. Schon gar nicht auf die Schnelle. Ganz im Gegenteil! Das, was zu schnell vorangetrieben wird, nur um umgehend zu einem Ergebnis zu kommen, bringt meistens nicht das gewünschte Resultat. Es heißt ja auch, dass in der Ruhe die Kraft liegt. Doch in der Ruhe liegt noch viel mehr. In der Ruhe liegen Chancen, das zu bekommen, was wirklich benötigt wird. Das, was wirklich angesagt ist. Das, was wirklich voranbringt. Und darum geht es ja! Wir – Sie und jeder von uns – wollen ja nicht n u r ein Tier, wir wollen eine Tierpartnerschaft, eine Gemeinschaft, die Wachstum ermöglicht.

Das Schicksal – andere nennen es Zufall – lasst in unser aller Leben oft Dinge geschehen, die nicht erklärt werden können, die aber dennoch zu uns kommen, weil sie zu uns gehören und zu sonst niemandem. So wäre es doch intelligent, sich das Schicksal zum Verbündeten zu machen und zu schauen, was daraus erwächst.

Das sind ungewohnte ideen und Vorgehensweisen in unserer heutigen Zeit. „Meine Freundin hat einen so netten Hund, so einen will ich auch!" Wir können diese Wünsche nach einem netten, liebevollen und unkomplizierten Tiergefährten nur zu gut nachvollziehen. Das eigene Leben ist schon kompliziert genug, nun will man nicht auch noch eine weitere Herausforderung, vielleicht in Gestalt eines depressiven Hundes oder eines zerstörungswütigen Kaninchens. Sie können sicher sein, dass zu Ihnen immer das kommt, was für Sie richtig ist. Und wenn es das Kaninchen ist, das Ihnen die Tapeten von den Wänden reißt. Hinter jeder Entscheidung für ein bestimmtes Tier wird man, wenn man sich ehrlich damit auseinandersetzt, auch einen Sinn erkennen. Insofern gibt es keine falsche Entscheidung. Das Thema, das – in unserem Fall über ein Tier – dringend gesehen werden will, wird sich seinen Weg zu Ihnen bahnen.

Nun mag man denken, dass es dann doch egal ist, was man tut, weil ja immer das für jeden Richtige geschieht. Aber wir sind der Ansicht, dass die Chancen ungleich größer sind, einen wirklich positiven Effekt für sich zu erreichen, wenn man sich jede seiner Handlungen bewusst macht. So, auf diese Art und Weise, ist jeder der Initiator seines Lebens, lebt also selbst und wird nicht gelebt. Letzten Endes führt beides an den gleichen Punkt, jedoch die bewusst getroffene Entscheidung ermöglicht ein wesentlich größeres Wachstumspotenzial und damit vielleicht einen einfacheren Wegabschnitt. Es kann durchaus sein, wenn man nicht auf die sich bietenden Zeichen schaut, dass der Weg schwieriger oder möglicherweise auch schmerzhafter verläuft. Vergleichbar mit einer Wanderung durch unwegsames Gelände, weil nicht rechtzeitig auf die Hinweisschilder geachtet wurde, die auf den einfacheren Weg hingewiesen haben.

Wie es aussehen kann, wenn ein Tier unvorhergesehen, aber dennoch wie gerufen zu einem findet, wollen wir Ihnen anhand einiger Beispiele anschaulich machen.

Ich zum Beispiel dachte immer, dass ich der Typ Mensch bin, der für einen Hund wie geschaffen ist. Ich liebe das soziale Verhalten von Hunden und ihre Erdverbundenheit. Ich fand es immer besonders mühelos, einen Hund zu „verstehen". Nun hatten mein Mann und ich – lang, lang ist's her – unseren letzten Hund Camillo aus dem Tierheim geholt und fuhren noch einmal dorthin, um den Übernahmevertrag zu unterzeichnen. Dort angekommen, äußerte ich den Wunsch, das Tierheim auf irgendeine Art und Weise zu unterstützen. Dies wurde von einer Mitarbeiterin des Tierheims sofort dankbar angenommen, indem sie mir eine wenige Wochen alte Babykatze in die Hand drückte, für die eine Pflegestelle gesucht wurde. Ich bekam sie natürlich nicht wirklich in die Hand gedrückt, aber aus heutiger Sicht kommt es mir fast so vor. Also fuhr ich, die ich im Leben noch keine Katze besessen und auch keine Ahnung von Katzen hatte, mit einer ebensolchen wieder nach Hause. Man könnte fast sagen: So fing der Wahnsinn, ich meine natürlich die Freude, an.

Innerhalb von kurzer Zeit entdeckte ich in mir ganz viele Ähnlichkeiten mit dem Wesen der Katze, so dass ich gar nicht mehr verstand, wie ich es so lange ohne eine Katze ausgehalten hatte. Mir wurde eine Sehnsucht bewusst, die so tief in mir vergraben war, dass ich sie noch nicht einmal mehr wahrgenommen hatte. Dieser einen Katze, die bald ein neues Zuhause fand, folgten viele, viele Katzen, die mein Leben so unglaublich bereicherten und es immer noch tun. Über den „Umweg Hund", der für mich aber sehr wichtig und auch richtig war, fanden also die Katzen-Seelen in mein Leben und mit ihnen der Wunsch nach gelebter Individualität, Unabhängigkeit und Freiheit.

So kann es auch Ihnen geschehen, wenn Sie dem Schicksal die Chance geben zu entscheiden. Wenn Sie es zulassen, dass etwas in Ihr Leben kommt, von dem Sie vielleicht noch gar nicht wissen, was es ist. Von dem Sie noch nicht einmal wissen, dass Sie sich danach sehnen. Wir sprechen hier natürlich nur von den Tieren, aber es kann selbstverständlich auch in jedem anderen Bereich Ihres Lebens geschehen.

Wer weiß, vielleicht sind Sie, ja, ich meine genau *Sie*, der Typ, der davon profitiert, wenn er sich ein, nein, ich meine natürlich zwei Kaninchen ins Haus holt. Oder ein Rudel Meerschweinchen.

Eventuell müssen Sie Ihr Tier auch gar nicht selbst suchen, sondern nur abwarten, was sich bei Ihnen von selbst meldet. Kennen Sie nicht auch die Geschichten von Menschen, die nichts ahnend ihr Tagwerk vollbringen und plötzlich den Anruf eines Freundes erhalten, der ihnen mitteilt, dass er von einem Hund/einer Katze/ einem Pferd gehört hat, der/die für diesen Menschen wie geschaffen zu sein scheint?

Oder es taucht in Ihrem Umfeld immer wieder die gleiche Tierart auf, sei es in einem Fernseh- oder Radiobericht oder in diversen Zeitungs- oder Zeitschriftenartikeln. Noch nie zuvor haben Sie so oft von ein und derselben Tierart etwas wahrgenommen. Das kann tatsächlich ein „Wink des Schicksals" sein. Vielleicht träumen Sie sogar von Ihrem neuen Tier. Alles ist möglich, wenn Sie es nur zulassen.

In meinem Fall – Sie sehen, es passiert immer noch – war es eine Freundin, die mir eine E-Mail schickte, in der sie mir mitteilte, dass im Tierheim ein alter Perserkater säße, der nur darauf wartete, bei uns einzuziehen. Dank meiner Freundin Nicole hat also Sammy unsere Katzenfamilie erweitert. Er ist kein „einfacher" Familienzuwachs, füllt aber Lücken, die gesehen werden wollen.

Genau so funktioniert sie, die Offenheit, die zulässt, dass „Wunder" geschehen können. Wir machen den Weg frei, indem wir alles für möglich halten und nichts ausschließen! Manches Mal will das Tier nicht gesucht, dafür aber gefunden werden. Klingt merkwürdig, passiert aber ständig. Nicht nur mit Tieren... Vielleicht entsinnen Sie sich, dass auch Ihnen das schon passiert ist. Sie suchten ganz verzweifelt nach einem verlorenen Gegenstand, sagen wir mal nach einem Schlüssel. Eine Stunde lang wühlten Sie aufgebracht in Schubladen, schauten in Schränken und unter dem Sofa. Nichts! Doch in dem Moment, wo Sie vermeintlich aufgaben und sagten: „Den finde ich nicht mehr, der ist weg" – liegt er auf einmal, ganz unschuldig, vor Ihnen. Erst in dem Moment, wo Sie losgelassen haben, wurde es möglich, dass Sie das fanden, was Sie „suchten".

Auch Tiere schätzen es, wenn wir Sie in den „Suchprozess" mit einbeziehen. So können Sie, bevor Sie mit der Suche nach dem Tier, das Ihnen vorschwebt, beginnen, mit den Tieren Zeichen verabreden. Zum Beispiel können Sie „vereinbaren", *das* Tier zu nehmen, das im Tierheim oder beim Züchter spontan auf Sie zugelaufen kommt, oder aber dasjenige, das Sie völlig ignoriert. Sie können sich auch hinsetzen und warten, was passiert. Werden Sie von einem der Tiere ganz besonders aufmerksam beobachtet, regelrecht anvisiert? Ist da ein Tier, dass – vielleicht auf ganz subtile Weise – Kontakt zu Ihnen sucht? Es gibt viele Möglichkeiten, die zu einem Tier führen. Neben den bekannten Sinnen sollten immer auch die inneren Sinne auf Empfang geschaltet sein. Dann geht kein noch so leises, dafür vielleicht wichtiges Signal verloren.

Lassen Sie sich also von dem Tier finden, das zu Ihnen gehört. Sie können darum bitten, Sie können einen Wunsch auf die Reise ins Universum schicken, Sie können Freunde beauftragen, die Augen offenzuhalten, und Sie können Ihr Herz weit öffnen und abwarten, was von selbst geschieht. Sie können auch – nur ganz kurz und unverbindlich, versteht sich – einmal im Internet surfen und durch

Zufall – verflixt, da ist er wieder – auf eine Seite gelangen, von der Sie ein Hund „anlächelt" und sagt: „Da bist du ja endlich!" Das ist dann deutlich und sollte nicht überhört werden!

Auf jeden Fall können Sie sicher sein, dass „Ihr" Tier zu Ihnen findet! Es wartet schon irgendwo voller Freude darauf, endlich Ihr Herz und Ihr Leben zu erobern. Seien Sie bereit und freuen Sie sich auf ein neues Abenteuer!

Richard

Vielleicht passiert Ihnen etwas Ähnliches wie Angelika aus Berlin, deren Kater direkt an ihrer Tür klopfte:

„Ich war zu Hause beschäftigt, als ich lautes Miauen hörte, das nicht aufhören wollte. Immer und immer wieder drang es in mein Ohr und schien mich zu rufen. Nach einiger Zeit stand ich endlich auf und begab mich auf die Suche nach der Quelle des flehentlichen Rufens. So öffnete ich die Wohnungstür – und schon sah ich ihn: Einen wunderschönen roten Kater. Er sah mich an, als wollte er sagen „Wo bleibst du denn? Ich rufe dich schon ein Weile. Ich weiß genau, dass ich hier richtig bin." Ich sah ihn nur verwundert an und bemerkte so etwas wie: „Wo kommst du denn her?" Schließlich wohnte ich ja im Dachgeschoss, und das waren fünf Stockwerke, also einhundertundeine Treppenstufe. Ja, ich habe sie gezählt, und mit Einkaufstüten kommt es mir vor, als seien es noch viel mehr.

Das wunderschöne Wesen vor mir betrachtete die geöffnete Tür als Einladung und kam flugs in die Wohnung, um zuerst einmal alle Räume zu inspizieren. Offensichtlich gefiel ihm, was er sah. Am Ende seines Rundgangs gesellte er sich zu mir ins Arbeitszimmer, sprang auf den Schreibtisch und legte sich auf die Papiere, die ich gerade bearbeitete. Aber da er ja jetzt ohnehin wichtiger war als alles andere, denn ich hatte ihn von der ersten Minute an schon in mein Herz geschlossen, war dies zweitrangig. Er blickte mir tief und lange in die Augen (… ich hatte schon ein mulmiges Gefühl, da ich einmal gehört habe, dass Katzen das Zurückstarren als Provokation empfinden). Aber nicht bei diesem Kater. Mir kam es eher so vor, als würde er mir tief in die Seele blicken – und ich spürte, dass uns etwas Besonderes verband.

Doch mir war natürlich klar, dass er von irgendwoher gekommen sein musste und ich ihn nicht so einfach behalten konnte (so gern ich es auch wollte). Doch da ich alleine in der Wohnung war und mein Mann erst am Abend von der Arbeit kommen würde, hatte ich ja noch etwas Zeit; denn ich wollte meinen neuen vierbeinigen Freund nicht alleine lassen, während ich mich auf die Suche nach seinem eigentlichen Zuhause begab. Ich hatte ja auch keine Katzentoilette und wusste nicht, was passieren würde, wenn ich ihn alleine ließ. Die Sitzmöbel sollten auch noch unversehrt bleiben, denn schließlich waren wir ja ein kinder- und tierloser Haushalt und auf so etwas nicht vorbereitet.

Am Abend ging ich also von Nachbar zu Nachbar und bewegte mich so immer weiter von oben nach unten durch das Haus. Bis ich im ersten Stockwerk auf eine Mutter mit zwei Kindern und etlichen Tieren traf. Dort passte die Beschreibung auf „Richard". Sie hatte noch gar nicht bemerkt, dass er fehlte. Ich hätte ihm gerne den Moment erspart, als er abgeholt wurde. Doch die Nachbarin bot uns gleich an, ihn über das kommende Wochenende zu betreuen, da sie wegfahren wollten und nicht wussten wohin mit ihm. Oh, welch eine wunderbare Fügung! Und es war bereits schon Mittwoch. Meinem Mann gefiel die Abwechslung auch recht gut, und so freuten wir uns beide auf das Wochenende.

Es wurden tatsächlich sehr ruhige Tage, denn unser Gast schlief die meiste Zeit und genoss ganz offensichtlich die große Ruhe, die um und in uns war. Dies wurde mir besonders klar, als er erneut abgeholt wurde. Unsere Nachbarin mit ihren beiden Kindern im Schlepptau kam die Treppe hinauf und brachte eine gewisse Unruhe in die Wohnung, dass ich mir fast überrannt vorkam. Richard konnte gar nicht so schnell verstehen, was passierte, und bekam erst Panik, als er aus der Wohnung getragen wurde. Im Treppenhaus wehrte er sich, sprang herunter und rannte wieder zurück in unsere Wohnung. Das berührte mich sehr tief, und ich war den Tränen nahe. Ich hätte am liebsten laut gerufen: „Seht ihr denn nicht, dass er hier bleiben will?" Aber er wurde eben doch mitgenommen. Ich fühlte mich wie benommen und konnte die ganze Situation nicht begreifen. Eben noch schlief Richard friedlich auf dem Sessel. Ich konnte es einfach nicht fassen und starrte den nun leeren Sessel an. Das konnte und durfte nicht so enden. So dachte ich jeden Tag liebevoll an ihn und hoffte auf ein Wiedersehen.

Zehn Tage später klingelte es an der Tür. Ich öffnete, und die besagte Nachbarin stand vor mir. Sie sagte: „Richard will immer raus. Er will nicht mehr bei uns bleiben. Wollt ihr ihn nicht zu euch nehmen? Er hat sich doch bei euch so wohl gefühlt." Mein Herz hüpfte vor Freude, und ich konnte nur noch sagen: „Ja, gerne. Er kann gerne zu uns kommen." Und so kam Richard für immer zu uns, und damit kehrte endlich die Ruhe und Gewissheit ein, dass uns nichts mehr trennen würde."

Sie sehen, dass manchmal nur etwas Geduld und der tiefe innige Wunsch vorhanden sein müssen, damit ein bestimmtes Tier zu Ihnen finden kann.

Auch die nachfolgende Geschichte, von Susanne aus München, veranschaulicht deutlich, wie der „Zufall" beim „Finden und Gefunden werden" manchmal so spielt:

Momo

„Irgendwie war mir immer klar, wenn ich einmal einen Hund haben werde, wird es ein „Golden Retriever" sein und er soll „Momo" heißen… Der wirkliche Wunsch, einen Hundepartner zu haben, reifte aber dann doch erst viele Jahre später.

Als der Gedanke endlich in meinem Bewusstsein ausgereift war, überprüfte ich zunächst, ob mein Leben überhaupt „hundetauglich" war. Schnell war klar, dass dem Hundepartner in meinem Leben nichts im Wege stehen würde, und „von innen" kam ein liebevolles „OK"! Nach Befragung meiner Schwester, die ja damals schon mit Tieren arbeitete, wurde ich etwas unsicher. Sie riet mir, nicht unbedingt nur und ausschließlich nach einem Rassehund Ausschau zu halten. Auch darum, weil Rassen, die gerade in Mode sind, eher anfällig sind als Mischlinge, und von denen gibt es auch zahllose Tierseelen, die ein schönes Zuhause suchen.

So hatte ich mich schon mit der Vorstellung anzufreunden versucht, keinen „Fuchur" (der Glücksdrache aus der *Unendlichen Geschichte*) zu bekommen. Einige Tage später griff ich instinktiv an einer Tankstelle zu einer Kleinanzeigen-Zeitung und fragte mich spontan, ohne darüber nachzudenken, ob da wohl auch Tieranzeigen drin stehen würden…

So war es. Es gab nur eine einzige kleine Hunde-Anzeige in dieser Ausgabe: „10 Wochen alter Golden-Retriever wegen Hundehaar-Allergie eines Familienmitgliedes schnell abzugeben…Name, Telefonnummer etc…"

Ziemlich irritiert über meine plötzlich aufsteigende Nervosität rief ich meine Schwester an, las ihr die Anzeige vor und fragte, was ich denn nun tun solle, das sei doch nun ein Reinrassiger, und das wäre doch nicht so gut und so weiter… Sabine sagte nur: „Ruf einfach an und fahr hin, vielleicht wartet ja genau dieser Hund gerade auf dich?!" Gesagt, getan. Ich landete in einer kleinen Sozialwohnung mit zwei Erwachsenen und zwei Kindern. Zwischen den Küchenunterschränken gab es eine Lücke, in dieser stand der Korb des kleinen Welpen. Lange wäre dieser beengte Platz nicht mehr ausreichend gewesen, denn die Lücke war schon jetzt recht eng. Dieser süße kleine Hund hatte, nachdem er doch schon seit zwei Wochen in dieser Familie lebte, noch immer keinen Namen. Sein Halsband war eher zwei Nummern zu groß und wurde einfach auf die passende Größe zusammengeknotet.

Auf die Anzeige hatte sich außer mir noch ein Pärchen gemeldet. Jedoch bekam ich am nächsten Tag den „Zuschlag". Mit der Begründung, dass in meiner Wohngegend so viel Wald und auch Wiesen seien und die Isar so nahe läge. Das wäre bestimmt ideal für den Hund. Der Hauptgrund war aber doch wohl eher, dass ich schon von vornherein wusste und es auch erzählt hatte, dass dieser Hund „Momo" heißen würde, wenn er zu mir käme. Das alles ist jetzt fast acht Jahre her. Keine Sekunde möchte ich missen, die Momo bei mir ist – und ich denke, ihr geht es genauso!"

Eine ganz besondere Geschichte ist die, wie die Hündin Lisa in die Familie meiner Freundin Yvonne gekommen ist. Hier muss mit dem Bericht schon etwas früher begonnen werden:

Lisa

„Um Lisas Geschichte zu erzählen, muss ich erst einiges vorausschicken, denn bevor Lisa in unsere Familie kommen konnte, musste viel geschehen.

Unsere drei Kinder und auch ich selbst wollten schon länger einen Hund haben. Jedoch waren mein Mann Andreas und auch mein Vater, mit dem wir zusammen im Haus lebten, von dieser Idee nicht wirklich begeistert. Für mein Gefühl spielte der „Zufall" eine nicht unerhebliche Rolle, dass Mix-Rüde Lukas irgendwann auf der Bildfläche erschien und die Entscheidung dann doch relativ schnell zu seinen Gunsten ausfiel. Einigermaßen überrascht waren wir dann, als wir erleben durften, dass über die Zeit mein Vater einen neuen Freund fürs Leben gefunden hatte. Ja, er und Lukas entwickelten sich zu einem eingeschworenen Team. Diese Liebe war von beiden Seiten gleichermaßen intensiv, und so litt Lukas sehr, als mein Vater ziemlich plötzlich verstarb. Lukas durfte sich immer frei im ganzen Haus bewegen, und so lag er sehr oft vor der Verbindungstür zur Wohnung meines Vaters. Unsere Nachbarn berichteten öfters, dass Lukas weinte und heulte, wenn wir in der Arbeit und die Kinder in der Schule waren. Auch wegen dieser Situation hatten wir schon darüber gesprochen, einen zweiten Hund aufzunehmen.

Fünf Wochen nach dem Tod meines Vaters unternahm ich mit meinem Mann einen Ausflug zum Johannisfeuer. Lukas durfte uns begleiten, und gegen Mitternacht machten wir uns auf den Heimweg. Da fiel uns schon auf, dass Lukas sehr langsam wurde und ganz gegen seine Gewohnheit kaum Schritt halten konnte. Zu Hause angekommen, war er völlig erschöpft und nicht mehr in der Lage, die Treppe selbst hochzugehen. Mein Mann trug ihn dann nach oben, und ich versuchte, Sabine zu erreichen. Das ist mir dann erst etwa eine Stunde später gelungen, und Sabine kam mit ihrer homöopathischen Apotheke und ihrem Mann direkt zu uns. Lukas hatte inzwischen hohes Fieber. Wir befürchteten, dass Lukas unterwegs etwas aufgenommen hatte. Einige Wochen zuvor waren im Ort Fälle bekannt geworden, bei denen Hunde ausgelegte Giftköder gefressen hatten. Sabine gab Lukas in den folgenden Stunden mehrere homöopathische Mittel. Ich erinnere mich mit Schrecken daran, dass wir in den folgenden Stunden auch darüber sprachen, dass es möglich sein könne, dass Lukas es nicht schaffen würde. Bei diesem Gedanken war ich zugegebenermaßen sehr verzweifelt. Kurz nach dem Tod meines Vaters den Kindern sagen zu müssen, dass Lukas nicht mehr bei uns sei, das schien mir schlicht und ergreifend nicht möglich. Ich hoffte inständig, dass Lukas sich für das Leben entscheiden würde. Gegen halb vier Uhr morgens gab Sabine Lukas noch ein weiteres Mittel. Es sollte ihm helfen, sich zu entscheiden, ob er gehen oder bleiben wollte. Damit konnte er einschlafen, und auch wir schafften es, nun schlafen zu gehen. Am nächsten Morgen konnten wir uns nur wundern: Lukas war wieder völlig der Alte, vielleicht ein bisschen müde von der anstrengenden letzten Nacht, aber sonst wieder fit wie eh und je. Für mein Gefühl hat er sich in dieser Nacht die Möglichkeit offengehalten, meinem Vater zu folgen. Wir waren sehr dankbar, dass Lukas sich für uns und für das Leben entschieden hatte und wollten ihm die Trauer um meinen Vater irgendwie leichter machen.

Eine von meinem Mann eher beiläufig gelesene Zeitungsannonce, in der eine große Zahl Beagle-Hündinnen aus einer italienischen Zuchtstation zur Vermittlung angeboten wurden, hatte meinen sofortigen Anruf zur Folge. Einige Tage später hatten wir dort einen Termin, und es war ganz klar, dass Lukas mit dabei sein würde, denn er durfte sich seine neue Freundin selbst aussuchen. Sabine begleitete uns und wollte Lukas beobachten, wie er auf die Hündinnen reagierte, damit wir sicher sein konnten, dass Lukas seine Wahl auch tatsächlich selbst treffen durfte. Das Gelände, zu dem wir geführt wurden, war relativ weitläufig. Es waren schon andere Interessenten für die Hunde vor Ort. Die Hündinnen waren ziemlich verschreckt und brauchten ihre Zeit, um sich überhaupt vom hinteren Teil des Grundstücks nach vorn zu trauen. Lukas nutzte die Gunst der Stunde und lief von Hündin zu Hündin. Es dauerte dann aber doch einige Zeit, bis wir klar erkennen konnten, welche der Hündinnen er erwählt hatte. Lukas hatte sich für Lisa entschieden. Als ich der Vermittlerin dann mitteilte, dass wir Lisa gerne mitnehmen würden, erfuhren wir, dass sich kurz zuvor ein älteres Ehepaar bereits für Lisa entschieden hatte. Erst als ich klar zum Ausdruck brachte, dass wir entweder Lisa oder keine der Hündinnen mitnehmen würden, widmete sich die Vermittlerin dem älteren Ehepaar intensiver und versuchte, sie für eine andere der Hündinnen zu interessieren. Dies gelang tatsächlich, und so konnten wir zusammen mit Lukas und Lisa die Heimreise antreten. Das war der Beginn einer engen Verbindung. Nicht immer super harmonisch, aber von Entwicklungspotenzial auf allen Seiten geprägt. Wir möchten keinen der beiden missen."

Lernaufgaben:

- Lassen Sie sich mit Ihrer Entscheidung für ein Tier die Zeit, die Sie benötigen.
- Geben Sie dem Schicksal eine Chance. Seien Sie offen und lassen Sie auch zu, sich finden zu lassen.
- Achten Sie auf mögliche Zeichen.

Der dritte neue Wegabschnitt – Sich den gemeinsamen Weg bewusst machen

Wenn Sie in Gelassenheit und Geduld gewartet haben, bis das Tier zu Ihnen gefunden hat, das im Moment am wichtigsten für Sie ist, kommen wir zum nächsten Schritt. Nun geht es nämlich darum herauszufinden, auf welchem gemeinsamen Weg Sie sind und welche gemeinsamen Aufgaben Sie und Ihr Tier haben.

Gut. Das Tier ist da. Sie haben bereits viel Freude mit ihm. Sie fühlten und fühlen sich voneinander angezogen. Doch was ist der tiefere Sinn, der dahinter steht? Welches Thema will ans Tageslicht? Wobei darf und will dieses Tier helfen, das zu Ihnen gefunden hat? Worauf will es aufmerksam machen? Wie können Sie aus dem Zusammenleben mit Ihrem Tier einen bewusst gelebten, einen bewusst gegangenen Weg machen? Wie können Sie wirklich und wahrhaftig voneinander lernen und voneinander profitieren?

Doch bevor wir damit beginnen, Möglichkeiten aufzuzeigen, die auf gemeinsame Aufgaben hinweisen können, noch eine wichtige Bitte. Wenn das Zusammenleben mit Ihrem tierischen Partner ganz wundervoll und harmonisch verläuft und Sie fühlen, dass Ihr Leben im Fluss ist, dann genießen Sie das und suchen Sie nicht nach Hinweisen, die vielleicht in diesem Moment gar nicht da sind!
   Es gibt im Leben immer Phasen der Ruhe und Entspannung, in denen alles so ist, wie man es sich wünscht. Wenn Ihr Zusammenleben so verläuft, dass alle Beteiligten sich wohl fühlen, dann dürfen Sie sich aus ganzem Herzen freuen und diesen Zustand genießen.

Generell muss überhaupt selten gesucht werden. Vielmehr ist wichtig, dass Sie im Alltag darauf achten, die deutlichen Hinweise nicht zu übersehen. Hinweise, die eventuell einer neuen Bewertung bedürfen, die vielleicht noch nicht so gesehen werden, wie sie gesehen werden könnten.

Zuerst schauen Sie hin, in welcher Situation Sie sich befinden/befanden, als das Tier, um das es geht, zu Ihnen kam. Gingen Sie gerade erste Schritte in Richtung eines Neuanfangs? Waren Sie in einer Phase der Trauer? Dachten Sie über Ihre Partnerschaft nach? Was auch immer zu diesem Zeitpunkt anstand: Gut möglich, dass das Tier genau richtig kam, um Sie dabei zu (unter)stützen oder auch um neue Impulse zu vermitteln.

Vielleicht ist es aber schon eine Weile her, und Sie können sich beim besten Willen nicht mehr daran erinnern, was gerade los war, als Sie den neuen tierischen Partner ins Haus holten. Auch nicht schlimm. Schließlich gibt es für alles und jeden täglich neue Chancen!

In diesem Fall gilt es, auf die aktuellen Zeichen zu achten. Damit ist nicht gemeint, dass Ihnen nun geheimnisvolle Signale von irgendwoher geschickt werden. Vielmehr geht es darum, auf das zu achten, was sich im Alltag und im täglichen Umgang miteinander zeigt. Es geht um den ganz normalen „Wahnsinn" – eben um das Leben. Hierbei sind Achtsamkeit und Offenheit gefragt. Gemeint ist hier in erster Linie die Achtsamkeit im Umgang mit dem Tier, aber natürlich auch die Achtsamkeit gegenüber sich selbst und anderen.

Achtsamkeit beginnt bei jeder kleinen Handlung. Wie oft tun Sie etwas, ohne ganz bei der Sache zu sein? Manche Handgriffe sind so selbstverständlich, dass sie ohne groß darüber nachzudenken ausgeführt werden. Ein erster Schritt, den gemeinsamen Weg mit Ihrem Tier bewusst(er) zu gehen, könnte damit beginnen, dass Sie selbst generell bewusster und achtsamer handeln. Wenn Sie also etwas tun, und wenn es Ihnen noch so banal erscheint, dann versuchen Sie, sich nur darauf zu konzentrieren. Seien Sie ganz dabei, mit allen Sinnen. Ein Beispiel, wie das aussehen könnte, wäre, ein besonderes Augenmerk auf die täglichen Mahlzeiten zu richten. Das bedeutet, dass Sie, wenn Sie essen, nur und ausschließlich essen und sonst nichts tun. Gar nicht so einfach, oder? Machen Sie sich bewusst, was auf dem Teller vor Ihnen liegt. Woher kommt das Essen? Wie schmeckt es? Schmeckt es überhaupt? Denken Sie darüber nach, wie viele Menschen daran beteiligt waren, bis das fertige Gericht auf ihrem Teller gelandet ist. Seien Sie dankbar. Versuchen Sie ein Gefühl dafür zu bekommen, ob Ihnen gut tut, was Sie gerade essen. Üblicherweise – die Autorinnen wissen, wovon sie reden bzw. schreiben – läuft eine Mahlzeit so ab, dass man, sofern man ein Gegenüber hat, mit diesem spricht oder diesem zuhört, während man das Essen in sich hineinschaufelt. Oder – falls man alleine isst – dabei liest oder fernsieht. Auch die Situation, einmal ganz schnell im Stehen oder Gehen eine Kleinigkeit zu sich zu nehmen, ist Ihnen sicher nicht unbekannt. Bestimmt fallen Ihnen noch weitere „Sünden" ein, die man beim Essen begehen kann. Sie sehen, dass sogar bei einem so normalen und täglich wiederkehrenden Vorgang wie dem Essen durch etwas mehr Aufmerksamkeit und Bewusstheit eine ganz andere Qualität erreicht werden kann.

Dem Essverhalten der Haustiere wird sehr oft ein sehr viel höherer Stellenwert beigemessen als dem eigenen. Die Fragen, die man sich in diesem Zusammenhang stellen kann, sind: Wie und was isst mein Tier? Hat es dabei die nötige Ruhe? Hat es einen Platz, der nur dem Essen vorbehalten ist? Schlingt es sein Essen in sich hinein, einem Staubsauger nicht unähnlich? Oder ziert es sich erst eine Weile? Will es gebeten werden oder läuft es schon eine Stunde vor der offiziellen Essenszeit vor der Küchentür auf und ab, um so rechtzeitig daran zu erinnern, dass es bald so weit ist? Isst es mal hier, mal da ein Häppchen? Bettelt es ständig? Oder, was vielen

Katzenbesitzern nicht unbekannt sein dürfte, wird das Essen zur Qual, weil das, was gerade angeboten wird, so gar nicht ankommt, obwohl es gestern noch heiß geliebt wurde?

Sie verstehen vielleicht schon, worauf wir hinauswollen. Wenn wir davon ausgehen, dass wir in allem, was wir um uns herum wahrnehmen, unser Spiegelbild sehen, dann dürfen wir getrost bei unserem eigenen Essverhalten beginnen, um einen Anhaltspunkt zu bekommen, warum das Thema Essen bei unserem Tier eventuell ein Problem darstellen kann. Sind wir aber bewusst bei der Sache, wird Essen „gelebt", wird vermutlich auch das Tier ein verändertes Essverhalten an den Tag legen. Anders ausgedrückt, beginnen Sie zunächst damit, sich anzuschauen, wie Ihr Tier isst. Im zweiten Schritt erst versuchen Sie, die Parallelen zu Ihrem eigenen Essverhalten zu ziehen.

Selbstverständlich kann es durchaus sein, dass hinter dem Essen sehr viel tiefere Themen stehen als nur Ihr eigenes Essverhalten. Darum ist es so wichtig, genau und intensiv hinzuschauen und nicht gleich zu sagen: „An mir kann's aber nicht liegen."

Das Essverhalten Ihres Tieres soll aber nur der Einstieg sein. Manchmal ist der Spiegel, den die Tiere uns vorhalten, nicht unbedingt klar und deutlich zu erkennen. Vielleicht auch darum, weil das dahinterstehende Thema sehr subtil ist oder auch sehr schmerzhaft. Ebenso ist es möglich, dass wir das Thema nicht in der nötigen Klarheit wahrnehmen wollen oder können.

Gründe, die es wert sind, genauer angesehen zu werden, gibt es viele. Aber wer will schon gerne hören, dass zum Beispiel die Aggression seines Hundes etwas mit ihm selbst zu tun hat? Doch stellt gerade die Aggression ein sehr wichtiges und oft verdrängtes Lebensthema dar. Denn selbstverständlich mit Aggressionen umzugehen, fällt vielen Menschen sehr schwer, vor allem deshalb, weil aggressives Verhalten meistens negativ beurteilt wird. Dann kann es passieren, dass das Tier genau diese nicht gelebte Aggression für Herrchen oder Frauchen auszudrücken versucht. Die Energie eines nicht zum Ausdruck gebrachten Ärgers oder einer Wut bleibt ja bestehen und verschwindet nicht einfach so. Sie sucht sich nur eben einen neuen Kanal. Dieser neue Kanal kann mitunter bedeuten, dass sich Ihr Tier dieses Themas „annimmt".

Sicher ist, dass sehr viele Verhaltensweisen des Tieres, die Ihnen nicht gefallen, einen Hintergrund enthalten, der mit Ihnen oder einem anderen Mitglied der Familie in Verbindung steht. Je größer die Aversion ist, desto wahrscheinlicher ist es, dass Sie selbst in einen höchst ungeliebten Spiegel schauen. Je mehr Sie sich über Ihr Tier ärgern, desto wichtiger wird das genaue Hinschauen. Vor allem und gerade auf sich selbst und auf den eigenen Schmerz. Denn dort, wo es besonders weh tut, wo der größte Schmerz sitzt, da erschließt sich mitunter das größte Wachstumspotenzial und damit auch die große Möglichkeit, heil(er) zu werden. Dieses darf man dann getrost als Chance sehen, sich selbst, und dadurch auch die unangenehme Situation, zu verändern.

So geht es in erster Linie darum, hinzusehen und hinzuspüren, wenn unangenehme Situationen auftreten. Nicht so gut wäre es, wenn Sie dem Tier das vermeintliche „Fehl"-Verhalten *nur* abgewöhnen wollen, es lediglich ausschimpfen oder gar bestrafen. Hinter dem Verhalten von Tieren steht immer mehr, als das Vordergründige zeigt. Insofern ist die bessere Variante, zu fragen: „Was will mir das sagen?"

Das oft genannte Fehlverhalten der Tiere bedarf des genaueren Hinschauens. Da ist das schon erwähnte aggressive Verhalten oder auch eine Unsauberkeit, Zerstörungswut, Selbstzerstörung und vieles mehr. Nicht bei allem, aber bei vielem, was wir erblicken, sehen wir vermeintlich eigene, nicht erkannte und nicht gelebte Themen.

Da die wenigsten von uns über eine psychotherapeutische Ausbildung verfügen, fällt es oft schwer, diesen Hintergrund sofort zu erkennen. Noch schwerer fällt es, wenn der Hintergrund dann endlich erkannt wurde, diesen auch zu akzeptieren. Aus eigener Erfahrung können wir sagen, dass man im Leben größere Schritte nach vorne gehen kann, wenn die Bereitschaft vorhanden ist, die Dinge und Situationen wirklich anzusehen und anzunehmen, die uns unsere Tiere zeigen.

Sind Sie bereit zu diesem Abenteuer, Ihr Tier als Partner und – wenn man es so nennen möchte – als (Lebens-) Berater zu akzeptieren, ist das aus unserer Sicht ein guter erster Schritt. Ein nächster Schritt besteht dann darin, das, was man erkennen durfte, auch umzusetzen. Und da beginnt es häufig wirklich schwierig zu werden. Seien Sie also geduldig und liebevoll zu sich selbst. Es ist weder wichtig noch sinnvoll, alles auf einmal erreichen zu wollen. Lassen Sie sich alle Zeit, die Sie benötigen, um Ihre Themen in aller Deutlichkeit und Tiefe zu erkennen und zu verarbeiten. Wir sind sicher, wenn Sie einmal auf diesem Weg sind, dann wird er sich als sehr hilfreich erweisen.

Hier nun einige Beispiele, wie solche Zeichen, die Ihnen Ihr Tier gibt, aussehen können:

- Ihr Tier ist über das normale Maß hinaus anschmiegsam.
- Ihr Tier ist übernervös, läuft hin und her, findet nie wirklich Ruhe.
- Ihr Tier gibt ständig Laut (bellt, miaut, schreit).
- Ihr Tier zerstört Gegenstände.
- Ihr Tier gehorcht, trotz guter Erziehung, nicht.
- Ihr Tier will nicht essen, oder aber es ist überhaupt nicht satt zu bekommen.
- Ihr Tier versteht sich nicht mit anderen Tieren.
- Ihr Tier lässt sich nicht anfassen.
- Ihr Tier kann nicht alleine bleiben.
- Ihr Tier verhält sich irgendwie extrem.

Alles, was anders ist als gewohnt, kann ein Zeichen sein. Schauen und spüren Sie genau hin und lassen Sie die neue Situation auf sich wirken.

Auf den ersten Blick erscheinen einige dieser aufgeführten Verhalten nichts Besonderes zu sein, z.B. wenn das Tier noch verschmuster ist als sonst, wenn es einen ständig anstarrt oder im Weg herumsteht oder was auch immer. Doch alles, was anders ist als üblich, besonders nach Ihrem persönlichen Empfinden, kann auf etwas hinweisen. Hierbei sollte im Besonderen das, was einen selbst sehr stört, Beachtung finden. Auch dann, wenn andere sagen, dass das doch nicht schlimm sei. Achten Sie immer auf das, was *Ihnen* wichtig ist, und nicht auf das, was andere dazu meinen. Schauen Sie dabei nicht nur auf die besonders auffälligen, sondern auch auf die kleinen Hinweise. Sie sollten in jeder Situation, die sich für Sie anders zeigt als normal, einen Moment in sich hinein spüren, um ein Gefühl für das Verhalten Ihres Tieres zu bekommen. Was sagt Ihnen Ihr Bauchgefühl dazu? Fühlt es sich, trotz allem, gut an? Dann wird vermutlich auch alles in Ordnung sein. Haben Sie aber ein „komisches" Gefühl, dann widmen Sie sich der Situation ausgiebig.

Was ist zu tun? Zuerst raten wir Ihnen, was immer das Tier auch zeigen mag – zu versuchen, ruhig und gelassen zu bleiben. Eine gute Möglichkeit, eine Verbindung zu dem, was sich da zeigen will, zu bekommen, ist, sich ein Blatt Papier zu nehmen und spontan damit zu beginnen aufzuschreiben, was Ihnen in diesem Moment alles in den Sinn kommt. Und zwar ohne groß darüber nachzudenken. Diesen Zettel sollten Sie danach weglegen und in einem ruhigen Augenblick wieder hervorholen. Eventuell bekommen Sie nun eine Idee zu dem, was Sie aufgeschrieben haben.

Wenn Sie die Muße und Zeit haben, dann gehen Sie einen Moment in sich oder meditieren Sie. Stellen Sie im Geist die Frage nach dem

Hintergrund zum Verhalten Ihres Tieres und was es Ihnen sagen soll. Und dann warten Sie ab, was kommt. Manchmal kommt nichts außer einer wirren Gedankenflut.

Manchmal taucht nur ein kurzer Gedanke auf. Manchmal kommt aber auch der alles entscheidende Geistesblitz.

Sollte Ihnen gar nichts einfallen, was Sie tun können, um die Thematik zu erkennen, dann lassen Sie das Thema für diesen Moment ruhen. Es nützt niemandem, etwas mit aller Gewalt erreichen zu wollen. Schauen Sie zu einem späteren Zeitpunkt, der vielleicht passender ist, noch einmal genauer hin.

Als ganz besonders wichtig erwiesen hat sich der Dank, der aus dem Herzen kommt. Hierauf reagieren alle Tiere – und nicht nur diese – besonders positiv, weil ihnen dadurch signalisiert wird, dass sie in allem, was sie sind und tun, immer so angenommen werden, wie sie sind. Ohne diesen von Herzen kommenden Dank kann jede Maßnahme vergeblich sein. So können Sie immer, wenn Sie das Gefühl haben, etwas Gutes für Ihr Tier tun zu wollen, ihm einfach nur aus der Kraft Ihres Herzens danken.

Noch etwas: Werden Sie nicht unsicher, wenn Sie gesagt bekommen, dass hinter dem, was Ihr Tier tut, eine Krankheit, ein Erziehungsfehler, die Gene oder was auch immer steht. Ratschläge, die von außen kommen, sind immer mit Vorsicht zu genießen. Natürlich gibt es für alles einen Auslöser. Was Sie aber hauptsächlich interessieren sollte, ist die Ursache, die zur Folge geführt hat. Denn als Folge ist eine Krankheit, ein Symptom, eine Verhaltensauffälligkeit usw. zu sehen. Auslöser und Ursache sind nicht dasselbe! Ein Auslöser kann ein Stein sein, der auf dem Weg liegt und über den Sie stolpern. Die Ursache für Ihr Stolpern liegt aber nicht in dem Stein, sondern vielmehr in Ihrer mangelnden Aufmerksamkeit! Sorgen Sie also durch bewusstes Hinschauen dafür, dass die Steine auf Ihrem Weg nicht zu Stolpersteinen werden, sondern achten Sie diese als Wegweiser.

Lernaufgaben:

- Versuchen Sie, das Zusammensein mit Ihrem Tier möglichst bewusst zu erleben.
- Achten Sie auf das, was Ihr Tier Ihnen möglicherweise zeigen möchte.
- Bringen Sie Achtsamkeit in Ihr tägliches Erleben.
- Bringen Sie Achtsamkeit in das gemeinsame Erleben mit Ihrem Tier.
- Versuchen Sie auch, hinter einem scheinbaren Fehlverhalten Ihres Tieres einen Hinweis zu sehen.
- Seien Sie dankbar für alles, was Sie sind und was Sie haben; und vor allem dafür, dass Ihr Tier an Ihrer Seite ist.
- Machen Sie sich bewusst, wie wichtig SIE für Ihr Tier sind.

Zum Thema „Den gemeinsamen Weg bewusst machen" hat uns Anne ihre Geschichte erzählt:

„Anne, willst du nicht ein Pferd kaufen?", das war der Satz, mit dem Majidas und meine Zukunft sozusagen besiegelt wurde. Meine Antwort: „Nee, bin grade mit der Schule fertig und hab keinen blassen Schimmer, was ich machen will, und wo. Da kann ich kein Pferd gebrauchen!"

Majida hieß damals Kiana und kam als Schulpferd auf den Hof. Sie stammte aus einem Springstall und hatte einem Jungen gehört, der Turniere reiten wollte, wofür sie aber bald nicht mehr „ausreichte".
Beim Reiten kam sie uns vor wie „in Trance", sie war wie weggetreten, apathisch und keiner von uns hatte Spaß, sie zu reiten

– und ich schon gar nicht. Nach etwa einem halben Jahr bei uns auf der Koppel und in der Herde begann Majida sich zu verändern. Sie war inzwischen Chefin der Herde. Auch beim Reiten versuchte sie zu dominieren, begann zu kämpfen – gegen wen auch immer – und weigerte sich beispielsweise, auf Wege abzubiegen. Dies tat sie auf eine Art und Weise, die uns zwang, lange Wege rückwärts zu gehen. Für Anfänger war sie nicht mehr zu händeln und für die Besitzer nicht tragbar. So musste sie wieder verkauft werden, da der Job nichts für sie war. Einige Interessenten kamen, um sie anzusehen, doch „der/die Richtige" war nicht dabei.

Eines Morgens, als ich früh zu meinem neuen Praktikumsplatz unterwegs war, entschied ich: Ja, ich muss dieses Pferd kaufen!

Diese Entscheidung führte zu großer Verwunderung bei allen Beteiligten. Nicht zuletzt auch bei mir selbst, doch nach vielen Diskussionen, Überlegungen, Abwägungen und Verhandlungen mit meinen Eltern und den Besitzern stand meine Entscheidung fest.

Majida sollte weiter auf dem Hof bleiben, auf dem ich mich sehr heimisch fühlte. Ein Teil der Abmachung mit den Vorbesitzern war es, dass Majida noch ein Fohlen bekommen sollte. Dieses sollte dann an die Vorbesitzer gehen. Majida war eine Maidenstute und hatte bisher noch kein Fohlen bekommen. Ich hielt das für eine gute Idee und für eine wichtige Erfahrung. Damit war es abgemacht, und Majida war mein New Forrest Pony!

Schnell war mir klar, dass sie Majida heißen sollte, denn auf ihren alten Namen hörte sie ohnehin nicht. Majida, die Ehrenwerte, passt auch viel besser zu ihr.

Drei Tage nach dem Kauf ging ich stolz zu ihr auf die Koppel. Ich hatte meinen Fotoapparat dabei, weil ich einige Bilder von ihr machen wollte. Ich dachte mir, einige schöne Fotos meines Pferdes, wie es glücklich auf der Wiese in der Herde stand, das wäre schön. Als Majida mich sah, löste sie sich aus der Herde und galoppierte auf mich zu. Nein, es sah nicht aus wie bei Fury. Majida kam mit angelegten Ohren und gebleckten Zähnen auf mich zu. Die Aussage war eindeutig: Angriff! Es schien, als rufe sie mir zu: „Attacke!" Mein Gedanke war nur, dass vier Beine gegen zwei unfair seien. Um Schlimmeres zu verhindern, streckte ich ein Bein aus und traf sie an der Brust. Erst so sah sie sich veranlasst, abzudrehen und zurück zu den anderen zu traben.

Pferde sind Fluchttiere, meines ist aber offensichtlich eine „Kampfsau". Nicht alleine das: Sie entwickelte sich zur Menschenhasserin und sogar zur Pferdehasserin. Hunde, Katzen, Kinder und überhaupt die ganze Welt konnte sie nicht leiden – sie war genervt.

Majida war ungeduldig, besonders bei Fehlern anderer. Teilweise zeigte sie sich wie eine Tyrannin. Belastend waren auch die ständigen Missverständnisse zwischen uns. In dieser Zeit war ich selbst eher verunsichert, sie hingegen offenbar mehr als sicher. Was dieses Missverhältnis anbelangte, schienen wir zu dieser Zeit überhaupt nicht zusammenzupassen. Ich wollte so gerne, dass sie glücklich ist, doch schien es damals, als sei sie ohne mich am glücklichsten.

Ich kann tausend und noch mehr Anekdoten über unsere gemeinsame Zeit erzählen. Einmal habe ich drei Wochen bei ihr im Stall geschlafen. Majida war inzwischen hochträchtig, und ich wollte die Geburt unbedingt miterleben. Pferde bekommen ihre Kinder gerne heimlich, wie wohl viele andere Säuger auch, und meine Chancen standen damit eher schlecht. Doch nachts wurde ich geweckt. Majida trat mit dem Vorderhuf an die Holzwand, hinter der ich schlief. So, als wolle sie mich zu Hilfe holen. Ich wachte davon auf, ging zu ihr und kann nur sagen, dass ich eine Geburt wie im Lehrbuch erleben durfte.

Schon als Chefin der Herde, dann auch noch als Mutter, schien sie oft überfordert zu sein, ohne sich dies jedoch eingestehen zu wollen. Majida hatte ihre Methoden, um sich zu beweisen, dass sie der Chef war. So klemmte sie mich kurzerhand mit dem Sattel zwischen der Wand und ihrem Hinterteil ein. Es tat mir zwar nicht weh, ich konnte mich aber nicht mehr bewegen – und sie hatte ihr Ziel erreicht.

Eine weitere schöne Situation war es, als sie das erste Mal Schnee sah und sich ganz verzückt sieben Mal darin wälzen musste.

Ich kann auch noch erzählen, durch welche gesundheitlichen Schwierigkeiten wir uns gekämpft haben. Von Entzündungen in den Vorderhufen, sich wiederholenden Koliken bis zu Rückenschmerzen; und so war es, seit ich sie kenne. Mit Sabines Hilfe und der Homöopathie haben wir das bisher immer gut in den Griff bekommen.

Alle meine Erlebnisse mit Majida zu erzählen, würde sicher den Rahmen dieses Buches sprengen. Ganz wichtig ist aber ein Erlebnis, das unsere Beziehung in eine neue Richtung lenkte: Ich belegte einen Kurs mit dem Thema Zirkus-Lektionen, um zu sehen, ob das für uns beide eine gute Beschäftigung wäre. Das war´s: Majida lernte innerhalb von eineinhalb Tagen das Kompliment, die Verbeugung in einer halben Stunde und das Podest schien sie schon immer gekonnt zu haben. Dann signalisierte sie eindeutig, dass sie mehr wollte. Es sollte keine Einfangspielchen mehr auf der Koppel geben. Wenn ich sie mit dem Halfter in der Hand abholen wollte, dann fand sie das auf einmal super. Majida entwickelte Interesse und später dann auch Vertrauen. Jetzt interessierte sie sich auch für mich. Sie wollte mit mir arbeiten. Da wurden Charaktereigenschaften sichtbar, die man zuvor nur ahnen konnte. Nun hatten wir eine gemeinsame Basis, auf der wir arbeiten konnten, und waren sicher beide gleichermaßen bereit zu sehen, was aus unserer Beziehung werden konnte.

Ich kann nur sagen, dass jeder Tag mit ihr – vom ersten Moment vor sechs Jahren bis heute – wichtig und wertvoll war. Sogar die, an denen es nicht richtig laufen wollte, an denen es regnete oder Majida krank war.

Majida ist ein wundervolles Wesen. Vielleicht ermöglichen auch gerade ihre Ecken und Kanten, dass wir aneinander wachsen können. Inzwischen gibt es eine besondere Verbindung. Die Kommunikation zwischen uns funktioniert nun richtig gut. Missverständnisse gibt es in jeder Beziehung, man muss nur drüber sprechen, und wir sind nach vielen Höhen und Tiefen sehr gut aufeinander abgestimmt.

Die alltäglichen kleinen Wunder lassen mich immer wieder staunen. Majida ist in der Herde heute viel geduldiger. Immer noch die unangefochtene Königin, aber gleichmütiger. Inzwischen kann sie sogar über Fehler anderer manchmal hinwegsehen. Was erhalten blieb, ist, dass sie Beistand braucht, wenn sie Schmerzen hat. Am liebsten von mir, jedoch dürfen sie auch andere Menschen anfassen, die sie kennt.

Majida will so angenommen werden, wie sie ist. Das habe ich immer respektiert. Unsere Beziehung war von Anfang an alles andere als harmonisch, jedoch immer respektvoll. Heute bin ich für Majida das „Leittier". Seit gut zwei Jahren gehen wir gefühlsmäßig nebeneinander her und erleben die Welt gemeinsam.

Sie ist sehr stark, und wir konnten ein tolles Team werden. Wir geben uns gegenseitig Sicherheit, sind Partnerinnen und eigentlich auch Freundinnen, die sich beistehen. Zwischen uns ist eine ganz tiefe Vertrautheit und Liebe entstanden.

Dank Majida konnte ich lernen, dass ich selbst auch so sein darf, wie ich bin, und mich nach außen nicht verstellen muss. Wenn Majida früher schlecht gelaunt war, habe ich mich als der Animateur gesehen, der ihre Laune wieder zu verbessern hatte. Inzwischen habe ich gelernt, dass wir immer das Recht haben, mal nicht so gut gestimmt zu sein. Heute ist es sogar so, dass Majida mich mit ihrer unglaublichen Komik zum Lachen bringt und spätestens dann meine schlechte Laune verflogen ist. Majida ist sehr selbstständig und auch sehr selbstbewusst. Sie stört sich überhaupt nicht daran, wenn jemand sie nicht leiden mag. Dahingehend habe ich noch etwas Nachholbedarf, und sicher gibt es noch viel mehr, was ich durch

Majida lernen darf. Ich empfinde unsere Beziehung inzwischen wie zwei Zahnräder, die perfekt ineinander greifen.

Ich hätte kein besseres Pferd erwischen können – oder hat sie vielleicht mich erwischt?

Auch Siggi hat erfahren dürfen, wie wertvoll es sein kann, an seinen Tieren zu wachsen:

„Wenn ich meine drei Hunde beobachte, sehe ich deutlich, wie sehr sie mich und meine Veränderung im Laufe der Jahre widerspiegeln. Sie sind mit ihren Eigenheiten alle genau zum richtigen Zeitpunkt zu mir gekommen. Ihr Wesen spiegelt letztlich genau die Veränderung, die ich für mich in den letzten Jahren durchlebt habe, meine persönliche Entwicklung, die, so denke ich heute, mich offen gemacht hat für den jeweiligen Charakter zu dem jeweiligen Zeitpunkt. Ohne dabei zu wissen, was eigentlich in mir vorgeht. Ich konnte niemals begründen, warum genau dieser Hund zu diesem Zeitpunkt mich berührt hat, warum ich mir so sicher war, es ist der Richtige. Letztlich haben die Hunde entschieden, und ich habe durch sie, durch ihr Wesen gezeigt bekommen, dass es so richtig ist. Sie haben es mich einfach spüren lassen, ohne dass ich den Grund wusste.

Ein Leitsatz der Pädagogik lautet, man müsse die Kinder „da abholen, wo sie stehen". Nichts anderes haben meine Hunde mit mir gemacht. Nur wusste ich selbst nicht, wo ich stehe, dass habe ich erst durch sie begriffen und tue es immer wieder.

Balou hat sich mich 2000 ausgesucht. Der Grenzenlose, der immer gefallen, nur nichts falsch machen und nicht negativ auffallen will. Er ist wenig selbstsicher. Er sucht einfach die Nähe, um Bestätigung zu finden, und genießt es, gehalten zu werden. Dies führt bei ihm dazu, dass die meisten ihn unglaublich toll finden, weil er zu jedem Kontakt sucht und sich Streicheleinheiten erkämpft. Aber genauso grenzenlos ist er auch für sich selbst. Er ist der Hund, den ich immer wieder aus Situationen herausnehmen muss, weil er selbst es nicht tut und dann eben gestresst ist. Er ist aber auch derjenige, über den ich stolpere, wenn ich selbst unruhig und rastlos bin, weil er hechelnd hinter mir herrennt, über den ich mich wundere, warum er so nervös ist, um dann erst zu begreifen, dass er mich in Phasen meiner inneren Unruhe spiegelt – bis heute.

Louis kam 2005 zu mir, als ich mich in der Trennungsphase von meinem Mann befand. Mein Inselhund ist sehr auf sich konzentriert, zurückgezogen, still, leise und beobachtend. Mein „Erst-beobachten-und-dann-vorsichtig-entscheiden-Hund". Er ist mit Abstand der Stillste. Wenn ich einen Hund immer mal wieder suchen muss, weil er mir hier in der Wohnung nicht auffällt, dann ist es Louis. Er ist auch derjenige, der sich abends, wenn alles ruhig ist, seine Streicheleinheiten bei mir abholt. Dieser Moment vor dem Einschlafen ist Louis privilegierter Moment, den er auch einfordert. Dann ist seine ganz eigene Zeit mit mir, die er sich auch nicht nehmen lässt. Aus allem anderen hält er sich raus. Er ist nicht unsicher, aber auch kein „Mittendrin-Mitmischer". Er ist derjenige, den ich am genauesten beobachte, wenn neue Menschen auf mich zukommen. Geht er liebevoll auf sie zu, weiß ich sicher, alles ist gut. Zieht er sich zurück, beobachte ich genau. Louis ist nicht unsicher, aber er braucht nicht viel Kontakt nach außen. Was er benötigt, ist seine sichere Insel und sein Rudel – das genügt ihm. Mehr noch, wenn er Ruhe hat in seiner Insel, in seinem Rudel, ohne große Störungen von außen, dann ist er zufrieden. Wenn er merkt, dass es genauso ist, wie er es wünscht, dann beginnt er zu spielen und zu toben. Dann öffnet er sich weit und ist ausgelassen. Alles andere lehnt er selbstsicher ab.

2008 kam Lennox, der Ausprobierende, der schmusende Genie-
ßer, souverän seinen Weg gehend. Lenni ist der Kampfschmuser,
der immer meine Nähe sucht. Gehe ich drei Schritte, geht er drei
Schritte mit. Bleibe ich stehen, bleibt er auch stehen. Mein „Immer-
an-mir-dran-Hund". Selbstsicher und souverän. Im Gegensatz zu
Balou, der ebenso die körperliche Nähe sucht, spürt man bei Lenni
aber deutlich, dass er seine Grenzen kennt. Er steht neben mir wie
ein Fels. Wenn ihn Leute ansprechen, reagiert er kaum. Balou würde in so einer Situation sofort nach vorne schießen, um zu begrüßen
und zu schmusen. Lenni schaut mich fragend an, ganz nach dem
Prinzip: Warum sollte ich da hingehen? Ich gehöre zu Dir. Wenn ich
schmusen will, tue ich das bei Dir. Er geht natürlich auch freundlich
zu anderen Leuten und begrüßt Besuch überschwänglich. Aber nur
dann, wenn er es für richtig hält – und nicht „für die Leute". Wenn
es heute darum geht, auf unsichere Hunde zu treffen und einen
souveränen Hund als positives Beispiel, als Lehrer für den anderen
Hund mitzubringen, nehme ich ausschließlich ihn mit.

Sie haben mich alle nicht ohne Grund ausgesucht. Jeder von Ihnen
hat seine Entscheidung zum jeweiligen Zeitpunkt absolut richtig
gewählt. Dafür bin ich Ihnen unendlich dankbar! Sie spiegeln mich,
und wir haben aneinander gelernt.

Es geht weiter auf dem Weg, jeden Tag neu. Seit ich begonnen habe,
mein Rudel genau zu beobachten, habe ich für mich unendlich viel
gewonnen. Weil meine Jungs mir die Chance bieten, auch mich
zu erkennen und weiterzuentwickeln. Und in meinem Weiterentwickeln entwickelt sich auch das Rudelgefüge weiter. Für diese
Erkenntnis bin ich Ihnen, Frau Kriegel, unendlich dankbar!"

Der vierte neue Wegabschnitt – Krankheiten neu betrachten

Auf die Thematik Krankheiten sind wir in unserem ersten Buch schon ein wenig eingegangen. Auch weil wir der Ansicht sind, das Krankheiten existenziell unser gesamtes Leben betreffen. Durch unser ganzes Leben begleitet uns dieses wichtige Thema, mal direkt, mal indirekt.

Im Zusammenhang mit Krankheiten ist zunächst bedeutsam, genau zu verstehen, dass immer ein Thema im Hintergrund wirkt. Wenn wir in dem Bewusstsein leben, dass nichts – wirklich nichts – ohne Grund geschieht, alles sozusagen eine tieferliegende Ursache hat, dann kann es doch spannend werden, wenn wir uns den Themen, die sich uns zeigen, bewusst zu nähern versuchen. Der Zufall (an den ja inzwischen doch niemand mehr zu glauben scheint), der uns offensichtlich ungefragt und doch nur scheinbar grundlos an unsere Themen heranführt, sollte in seiner Wortbedeutung neu übersetzt werden: Der Zufall sorgt dafür, dass uns scheinbar „zufällig" etwas zu-fällt. Das bedeutet auch, uns passiert etwas.

Wenn wir noch einen Schritt weitergehen und anerkennen, dass alles, was uns widerfährt, auch mit uns etwas zu tun haben muss, dann wird schnell klar, dass im Grunde kein Thema, das uns berührt, nicht auch unseres ist. Alles, was uns im Leben widerfährt, alles, was wir erleben – unabhängig davon, ob wir es gut oder weniger gut finden – hat in irgendeiner Hinsicht eine Bedeutung für uns.

Um auf das Thema Krankheiten zurückzukommen: Jede Krankheit und jedes Symptom hat immer auch eine tiefere Botschaft, einen Hintergrund, der es wert sein sollte, angeschaut zu werden.

Nach unserer Ansicht (und damit stehen wir tatsächlich nicht alleine) hat eine Krankheit und auch das Symptom, dass sich messbar auf der Körperebene zeigt, schon viel früher seinen Ursprung gefunden. Damit auf der körperlichen Ebene etwas sichtbar wird, muss schon zuvor auf der seelischen Energieebene etwas nicht im Gleichgewicht gewesen sein. Krankheit enthält auf diese Weise immer einen Hinweis von der Seelenebene, dass wir unachtsam geworden sind, dass wir aufmerksam werden und unser Leben, unser Verhalten (was auch immer) korrigieren sollten. Im Grunde bedeutet das, Krankheit ist nie ein Feind, sondern vielmehr ein Freund. Ein Freund, der auf der Ebene unserer Seele zu Hause ist und uns auf eine besondere Art, die im Grunde nur hilfreich sein will, jedoch sehr oft nicht so verstanden wird, zu verstehen geben möchte, dass eine Korrektur unseres Lebensweges angesagt ist.

Wäre es nicht viel schöner zu sehen, dass Krankheit eine Ausdrucksmöglichkeit der Seele darstellt, als sie mit allen möglichen Mitteln bekämpfen zu wollen? Mit Hilfe des Ausdrucks über den Körper möchte sie uns darauf aufmerksam machen, dass irgendwo in unserem Leben etwas falsch läuft. Wir meinen, dass diese Sichtweise im Grunde um ein Vielfaches positiver ist, als zu glauben, dass die „böse" Krankheit ihren Ursprung irgendwo im Äußeren hat, wo unsere Einflussnahme gleichzeitig auch viel schwieriger wird, wenn nicht gar unmöglich. So hat sich niemand *nur einfach so* auf dem Flug von A nach B durch die Klimaanlage des Flugzeuges einen Schnupfen geholt. Wenn wir, auf welchem Weg auch immer, einen Schnupfen bekommen, dann muss schon vorher der Nährboden für diesen Schnupfen in uns selbst vorhanden gewesen sein. Weder die Klimaanlage, noch das Flugzeug, noch die Tatsache, dass wir in dem Flieger saßen, ist für die entstandenen Symptome verantwortlich.

Wenn Heilung angestrebt wird, dann sollte es aber keinesfalls darum gehen, den Zustand von zuvor wieder erreichen zu wollen. Das könnte fatal sein. Bringt es uns doch vermutlich genau an den Punkt zurück, der wahrscheinlich die Ursache für die Krankheit darstellt. Viel wichtiger ist es – auch und gerade durch eine Krankheit – bewusster zu werden. Bewusst zu werden, Erfahrungen zu sammeln, die es uns erlauben, festgefahrene Gleise zu verlassen und unseren rechten und wahren Lebensweg weitergehen zu können.

Dennoch können wir selbst aus einem eigenen bunten Erfahrungsschatz schöpfen und sagen, dass allein schon das Erkennen der Ursache einer Krankheit oder eines Symptoms nicht immer einfach und schnell gelingt. Manchmal fällt es schwer, hinter die Dinge zu blicken; denn nicht jedes Symptom lässt sich so leicht zuordnen wie ein Schnupfen. Der Verschnupfte hat im übertragenen Sinn von etwas die Nase voll! Er sollte versuchen herauszufinden, welchen Bereich oder auch welche Situation in seinem Leben diesen Ausdruck zur Folge hat. Leidet jemand unter Durchfall, dann sollte er prüfen, wovor er „Schiss" hat. Normal ist, dass Nahrung erst nach dem Verdauungsprozess und nachdem alles Nützliche für den Körper herausgezogen wurde ausgeschieden wird. Beim Durchfall wird Nahrung – auch geistige Eindrücke sind hier mit Nahrung gleichzusetzen – sozusagen unverdaut ausgeschieden. Damit kann auch die Angst davor zum Ausdruck kommen, sich mit den Dingen auseinanderzusetzen. Nicht in allen Fällen ist die Ursache so klar und einfach zu finden. Hier fehlt nur die individuelle Übersetzung, welcher Umstand oder welche Situation den Grund für Schnupfen oder Durchfall liefert.

Wir sind der festen Überzeugung, dass es zur wirklichen Bearbeitung und Heilung wichtig ist, sich dem dahinter liegenden Thema zu stellen. Eine gute Möglichkeit bietet der Weg, sich über die Symptomatik des betroffenen Organsystems zu nähern. Es gibt inzwischen einige gute Bücher, die diese Thematik behandeln. Damit kann ein erster Schritt gelingen, um hinter die Dinge zu blicken. Wichtig bleibt jetzt nur noch, darauf hinzuweisen, dass es auch bei den Hintergründen von Krankheiten – wie so oft im Leben – keine allgemeingültigen Lösungen gibt. Wir alle sind individuelle Wesen und sollten uns gerade auch in dem wichtigen Zusammenhang des „Ausdrucks unserer Seele" diese Individualität bewahren. Das bedeutet, dass die Ursache einer Erkrankung für jeden eine andere sein kann. Heilung wird nicht dadurch möglich, dass Sie versuchen sich anzulesen, was die Ursache für Ihre Krankheit sein könnte. Wichtiger wäre, damit zu arbeiten, Ihren ganz persönlichen Schlüssel zu finden, der Ihnen den Zugang zur eigenen Innenwelt ermöglicht.

In diesem Buch geht es in erster Linie darum, einen bewussteren Umgang mit unseren Tieren zu erreichen. Da die Tiere zu Partnern im Leben und durchaus zu einem Familienmitglied werden, ist die Schlussfolgerung leicht, dass auch die Krankheiten unserer Tiere etwas mit den Menschen (oder auch nur einem), mit den/dem sie leben, zusammenhängen. Unbestritten ist, dass die Krankheiten und Symptome der Tiere auch immer etwas mit dem individuellen Tier zu tun haben. Das jeweilige Individuum muss mit der Krankheit und dem Symptom, durch das sie gezeigt wird, immer in Resonanz gehen. Erst dadurch wird es möglich, dass sich eine wie auch immer geartete Krankheit zeigen kann. Gleichzeitig besteht eine hohe Wahrscheinlichkeit, dass das, was sich beim und durch das Tier zeigt, nicht nur alleine mit dem Tier zu tun hat.

Ganz besonders beachtet werden sollten Krankheiten, die immer wieder auftauchen oder, falls mehrere Tiere zusammenleben, bei mehreren auftreten. Insbesondere wenn immer wieder Krankheiten „erscheinen", die in der Regel einen schweren Verlauf und möglicherweise eine sehr schlechte Prognose haben. Gerade in diesen Fällen macht es besonders viel Sinn, etwas genauer hinzuschauen!

Nach unseren Erfahrungen deuten schwere Krankheiten – nicht nur bei Menschen sondern auch bei Tieren – auf tiefergehende Probleme, meistens sogar auf Themen, die die Menschen selbst betreffen. Wir wissen, wie viel Mut und Ausdauer es erfordert, sich den eigenen Herausforderungen zu stellen oder auch überhaupt erst einmal anzunehmen, dass die Zeichen des Tieres einen Spiegel unserer eigenen Lebenssituation darstellen können.

Sie sollten jedoch nicht den Fehler begehen und sich schuldig fühlen. Es ist alles andere als hilfreich, wenn Sie sich vorwerfen, dass Sie der Grund für die Symptome oder Krankheiten Ihres Tieres sind. Vielmehr sollten Sie dankbar für diese Hinweise sein und dafür, dass Sie damit die Möglichkeit bekommen, etwas zu ändern. Das Tier selbst fühlt sich – wie wir in vielen Tierkommunikationen erfahren durften – nie als Opfer, sondern vielmehr als hilfreicher und äußerst liebevoller Wegbegleiter, der das Seine zu Wachstum und Veränderung beitragen möchte.

Um eine Krankheit wirklich zu heilen, ist es nach unserer Ansicht unerlässlich, nicht nur den Körper, sondern auch die Ebene der Seele zu beachten. Ein Schritt in Richtung Heilung wird schon gegangen, indem man hinschaut und nicht verdrängt. Dann muss man, im übertragenen Sinn, nur noch am Thema dranbleiben und die Heilung des Ganzen anstreben. Die Wunden des Lebens wollen gesehen werden. Indem wir auf die Tiere schauen und auf das, was sie uns zum Beispiel in Form von Krankheiten präsentieren, zollen wir ihnen großen Respekt, vermitteln ihnen großen Dank und helfen ihnen und uns wirklich. Wir möchten aber nicht verschweigen, dass der Weg zur Erkenntnis und Annahme der Hintergründe mitunter sehr schwer und steinig sein kann. Denn zumeist genügt es nicht, nur zu einer Erkenntnis zu gelangen, auch das Fehlverhalten muss verändert werden. Wir denken, dass es ein erster guter Schritt sein kann, sich selbst so anzunehmen, wie man ist, mit allen seinen vermeintlichen Schwächen und Fehlern. Wenn wir aus den vielen

Tierkommunikationen, die wir durchführen durften, etwas gelernt haben, dann ist es dies, dass die Liebe zu einem selbst vieles möglich machen kann. Sogar Heilung.

Nachfolgend bieten wir eine kurz gefasste Ausarbeitung an, welche möglichen Hintergründe es zu den unterschiedlichen Krankheiten geben kann. Wir bitten darum, diese Ausführungen aber wirklich nur als *Grundlage* und *Anhaltspunkt* zu sehen, über den man sich dem Kern der Sache nähern kann. Denn, wie bereits gesagt: Wir halten die Individualität jedes einzelnen Lebewesens – auch und besonders die unserer Tiere – ganz hoch!

Um Ihnen die Sichtweise auf die Symbolik der Organe und die damit in Verbindung stehenden Krankheiten auf einfachem Weg näherzubringen, beschreiben wir die Thematik in kurzen Geschichten. Lassen Sie sich von Rusty, einem mittelgroßen Mix-Rüden im besten Hundealter, und der Katze Emma, einer rüstigen getigerten Katzenseniorin, erklären, wie das Leben, gerade im Zusammenhang mit Krankheiten, so spielen kann. Ihre Lebensweisheiten schöpfen die beiden wundervollen Tierseelen aus ihrer langen Lebenserfahrung und den Begegnungen mit ihren Tierfreunden, die in der näheren und weiteren Nachbarschaft zu Hause sind. Beide sind gute Beobachter und Zuhörer und dabei äußerst kommunikativ, stets interessiert und offen.

Die Geschichten von Rusty und Emma sind frei erfunden. Wir bitten daher, sich nicht persönlich angesprochen oder angegriffen zu fühlen. Dies liegt und lag niemals in unserer Absicht. Es geht uns lediglich darum aufzuzeigen, was möglich sein kann, aber nicht muss. Sollten Sie sich zufällig in einer der Geschichten wiedererkennen, halten wir es für das Beste, dass Sie für sich prüfen, was das in Ihrem Fall bedeuten kann. Jedes der vorgestellten Organe zeigt eine Thematik auf, die hinter den Symptomen stehen kann. Was eine Krankheit oder ein Symptom für den Einzelnen jedoch in der Tiefe aussagt, muss jeder für sich selbst herauszufinden versuchen. Kein Wesen ist wie ein anderes, und so kann der Stress, der bei einem ein Magengeschwür verursacht, bei einem anderen für einen Hautausschlag sorgen, je nachdem wo die Schwachstellen liegen. Dabei gilt es aber zu beachten, dass die Krankheit immer als das gesehen wird, was sie sein möchte, nämlich ein Hinweis, für den es gilt, offen und dankbar zu sein.

Das Thema Atemwege

Rusty liebte die vielen schönen Spazierwege, die seine Menschen mit ihm gingen. Einer davon führte an einer Pferdekoppel vorbei; und er war – wie jedes Mal – hellauf begeistert von den großen und anmutigen Tieren. Gerne blieb er, wenn es sich ergab, einen Augenblick stehen, um diese prachtvollen Kreaturen zu bewundern.

So auch heute. Als er seinen Blick über die grasende Herde schweifen ließ, bemerkte er, dass eines der Pferde etwas abseits von den anderen stand. Rusty erinnerte sich, dass dessen Menschen ihn „Prinz" riefen, und normalerweise hatte dieser sogar etwas von einem Prinzen, denn er wirkte edel und aristokratisch. Heute jedoch stand Prinz mit weit aufgerissenen Augen an der Seite, atmete heftig und hustete auch ab und zu. Es war ihm deutlich anzumerken, wie schlecht es ihm ging. Rusty lief sofort hin, um zu sehen, ob er irgendwie helfen könne.

Prinz schaute, trotz seiner offensichtlichen Atemnot, freundlich auf den herannahenden Hund. „Was ist mit dir?", rief Rusty schon von weitem.

„Bei diesem nebligen Wetter bekomme ich nur schwer Luft", sagte Prinz, der sich bei jedem Atemzug sehr anstrengen musste.

Rusty hatte schon öfters Gespräche der Menschen von Prinz mit angehört. Diesen Gesprächen hatte er entnommen, dass die Menschen von Prinz große Tierfreunde waren, die einen nicht geringen Teil ihrer Freizeit dafür verwendeten, allen möglichen Tieren zu helfen. Sie wirkten auf Rusty überhaupt sehr liebevoll, schienen jedoch diese Fürsorge nicht auch auf sich selbst anzuwenden. Sie gaben mit vollen Händen, verlangten jedoch nur sehr selten etwas für sich.

Bei diesem Gedanken kam Rusty sofort die Idee, dass es auch bei der Atmung auf ein gerechtes Verhältnis von Geben und Nehmen ankommt. Es darf dabei nicht mehr hereinkommen als herausgeht – und umgekehrt. Er verstand, dass Prinz auf eine Art und Weise dieses Ungleichgewicht zeigte.

Prinz selbst war aber auch ein sehr gutmütiger Vertreter seiner Art, der innerhalb der Herde Streit schlichtete, die anderen zuerst ans Futter ließ und lieber nachgab, statt sich seinen Anteil zu holen. Trotz oder wegen seines großmütigen Verhaltens wurde er von allen geschätzt. „Ob er sich selbst auch schätzte?", fragte sich Rusty.

Zu all dem kam noch hinzu, dass erst vor kurzem die langjährige Gefährtin von Prinz, die Ponystute Melli, gestorben war, was ihn sehr mitgenommen hatte. Die beiden waren sehr innig miteinander verbunden, und als diese Verbundenheit durch den Tod von Melli – zumindest auf Erden – ein vorübergehendes Ende fand, geriet die Gesundheit von Prinz zunehmend aus dem Ruder. Ihm blieb, angesichts des erlittenen Verlustes, oft die Luft weg. Er fühlte sich blockiert, nicht nur was seine Atmung betraf. Denn auch in seiner Vergangenheit, bevor Prinz zu seinen jetzigen Menschen gekommen war, hatte er viel Unschönes erlebt. Die Erinnerung daran hatte er jedoch tief in sich vergraben. Die Wut, die er wegen all der in früheren Zeiten erlittenen Ungerechtigkeiten noch in sich hatte, war mittlerweile so tief versteckt, dass Prinz schon gar nicht mehr wusste, dass es sie überhaupt gab. Sie lag in ihm, umhüllt von einer dicken Nebelwand, durch die es kaum ein Durchkommen gab.

„So kam wohl eines zum anderen", dachte Rusty, und er glaubte zu verstehen, warum es so weit gekommen war. Prinz war in einem Teufelskreis gefangen, aus dem er alleine keinen Ausweg finden würde. Rusty wusste, dass Prinz Hilfe und Verständnis von seinen Menschen bekam. Da diese aber selbst mit in diesem Teufelskreis steckten, mussten auch sie ihren ganz persönlichen Teil dazu beitragen, dass Prinz seiner Umwelt „nichts mehr hustete", sondern sich darüber klar wurde, dass er seine Gefühle, auch die schmerzhaften, zulassen musste. So wie Rusty sie einschätzte, würden sie eher zu viel, als zu wenig tun. Dabei würden sie hoffentlich trotzdem erkennen, dass auch sie sich ihren Anteil am Leben gönnen durften. Selbst wenn es bedeutete, auch einmal seinen negativen Gefühlen offen Ausdruck zu verleihen.

Mögliche Hintergrundthemen:

- Gleichmaß im Geben und Nehmen
- Kommunikation zwischen außen und innen
- Verbundenheit mit sich selbst und mit allem, was ist
- Liebe geben und annehmen lernen

Das Thema Auge

Wie jede Nacht im Sommer, war Emma auch heute wieder in der Natur unterwegs. Die Dunkelheit machte ihr nichts aus, denn Katzen können doch auch im Dunkeln ausgezeichnet sehen. Emma freute sich jeden Tag aufs Neue über diese Fähigkeit und konnte sich oft nur wundern, wie unbeholfen und unsicher ihre Menschen im Dunkeln agierten. Während sie munter und fröhlich durch die Büsche streifte, begegnete ihr Wilma, die schwarze Nachbarskatze, die ebenfalls gerade einen kleinen Abendspaziergang unternahm. Aber ach, wie sahen denn Wilmas Augen aus? Sie waren voller Tränen, als habe sie geweint.

„Genauso fühle ich mich auch", sagte Wilma. „Ich kann gar nicht mehr aufhören zu weinen." Wilma berichtete, dass ihre Menschen

zurzeit großen Kummer hätten und sehr traurig seien, aber nicht über ihre Traurigkeit sprechen wollten oder konnten. Lieber gingen sie sich aus dem Weg. „Es tut mir weh, das zu sehen. Sie leiden, möchten das aber nicht zeigen oder gar offen zugeben. Nicht einmal vor sich selbst. Wenn sie miteinander weinen könnten, das täte ihnen sicher gut. Aber dazu sind sie zu stolz. So tue ich das für sie. Vielleicht sehen sie dann wieder klarer. Sie scheinen nicht zu wissen, dass ihre Augen und die Augen aller Wesen wie ein Spiegel des Inneren sind. Sie können sich vor mir und anderen verstellen so viel sie wollen, doch ich, die ich ihnen tief in die Augen und damit in die Seele schaue, sehe die Traurigkeit darin. Ihren Mitmenschen scheint das gar nicht weiter aufzufallen, und sie selbst belügen sich auch ständig. Also weine ich für sie und hoffe, dass ihnen das hilft, ihr Dilemma zu erkennen. Sie müssen sich neu orientieren. Im Moment fehlt ihnen jedoch eine klare Sicht auf ihr Leben. Sie sehen, ohne wirklich etwas zu sehen. Sie schauen nicht hin, sondern eher weg und bemerken nicht die vielen Dinge und Möglichkeiten, die sie dadurch übersehen. Sie blicken nicht hinter die Kulisse, nicht in die Tiefe. Ach, tut mir das weh. Meine Menschen jedoch schmerzt es, wenn sie sehen, wie meine Augen tränen. Ob sie nun endlich verstehen und beginnen zu handeln? Ob sie wenigstens mir tief in die Augen schauen werden? Ob sie nun endlich hinschauen? Ob ihnen nun endlich etwas „klar" wird? Ich wünsche es mir so. Denn wenn sie anfangen hinzuschauen, muss ich es nicht mehr für sie tun. Dann kann ich wieder mit dir auf die Jagd gehen, weil kein Tränenschleier meinen Blick trübt."
Emma war beeindruckt von Wilmas Hingabe und Fürsorge für ihre Menschen. Sie hoffte aus ganzem Herzen, dass Emmas Tränen den menschlichen Kummer fortspülen konnten und dadurch der Blick nach vorne möglich wurde. Als kluge Katze wusste sie schon lange, dass der, der zurückschaut, niemals eine dicke Maus fangen würde.

Mögliche Hintergrundthemen:

- Die Augen vor etwas verschließen
- Probleme oder Hinweise nicht sehen wollen
- Orientierungslosigkeit
- Verschleierungstaktik

Das Thema Bauchspeicheldrüse

Zum wiederholten Mal an diesem Tag starrte Emma missmutig aus dem Fenster in ihren Garten. Dort, wo im Sommer Bäume, Sträucher und ganz viele Blumen ihre Augen erfreuten, war seit einigen Tagen nur noch Weiß zu sehen. Sie wusste, dass es sich dabei um Schnee handelte. Was aber nichts daran änderte, dass sie ihn für höchst überflüssig hielt. Verhinderte er doch, dass sie wie gewohnt ihre Streifzüge unternehmen konnte. Emma war sich sehr wohl darüber im Klaren, dass ihr der Unmut, den sie momentan in sich fühlte, nicht gut tat. Aber auch eine kluge Katze kann mitunter nicht aus ihrer – Wärme liebenden – Haut. Während sie weiter aus dem Fenster starrte, sah sie die schwarze Katze von gegenüber durch den Schnee pflügen. „Wie heißt sie noch gleich?", fragte Emma sich, als es ihr auch schon einfiel: „Ach ja, Sweetie. Da ist der Name voll Programm, in so mancher Hinsicht."

Sweetie war, wie Emma neidlos zugeben musste, eine ganz besonders hübsche Vertreterin ihrer Art. Klein, kompakt, mit einem dichten, glänzenden schwarzen Fell und wunderschönen grünen Augen. Nur leider, leider passte der dicke Bauch von Sweetie so gar nicht zu ihrem anmutigen Rest.

Schon oft hatte Emma sich mit Sweetie getroffen und wusste so einiges von ihr zu berichten. Zum Beispiel, dass Sweetie als fast verhungerte junge Katze auf der Straße von Tierfreunden aufgegriffen worden war, die sie liebevoll aufgepäppelt hatten. Sweetie, die bis zu dem Moment, als sie gefunden wurde, keine positiven Zuwendungen kennengelernt hatte, konnte die angebotene Zuneigung jedoch nicht genießen, da sie bis dahin noch nie Liebe erfahren hatte. Sie wusste einfach nicht, wie das ist, wenn man sich für die Liebe öffnet. Die Liebe ihrer Menschen war für Sweetie immer da, ohne dass sie diese jedoch annehmen konnte. Es fiel ihr auch sehr, sehr schwer, ihre eigene Zuneigung zu den Menschen zu zeigen, obwohl sie sich redlich bemühte. Einerseits fand sie es schön, behütet und geliebt zu werden, andererseits jedoch kam dieses Gefühl in ihrem Inneren niemals wirklich an. Dabei sehnte sie sich so sehr danach, es zu spüren und in vollem Umfang zurückzugeben. Ihre Menschen akzeptierten sehr bald, dass Sweetie so war, wie sie nun einmal war. Sie wussten, dass Sweetie nur so und nicht anders handeln konnte. Weil Sweetie unbewusst fühlte, wie überlebenswichtig es ist, zu lieben und geliebt zu werden, fing sie an, nach etwas zu suchen, dass ihr ein ähnliches Gefühl vermittelte. Sie fand sehr schnell einen Ersatz im Essen, denn leider stellten ihre Menschen ihr immer etwas zu essen hin, sobald Sweetie nur dezent maunzte. Und dezent maunzen konnte sie gut. Reagierten die Menschen auf diese Lautäußerung einmal nicht wie gewohnt, konnte Sweetie auch durchaus lauter werden. Sie schrie dann dermaßen penetrant, dass ihre Menschen, schon alleine damit wieder Ruhe einkehrte, sehr schnell etwas in ihren Napf füllten. Wann immer Sweetie Leere in sich verspürte oder Sehnsucht, ging sie zu ihrem Napf und versuchte so, diesem Gefühl zu begegnen. Sie merkte schon lange nicht mehr, dass es gar kein körperlicher Hunger war, der sie so handeln ließ. Irgendwann war es so weit, dass Sweetie nur noch zufrieden war, wenn sie essen konnte.

Erst als ihre Menschen sahen, dass ihre kleine Katze fast so breit wie lang war, läuteten bei ihnen sämtliche Alarmglocken. Bis zu diesem Moment war jedoch schon einige Zeit vergangen. Sie machten sich nun große Sorgen um Sweetie, nicht nur weil sie so viel futterte, sondern auch weil sie sehr viel trank. Schnell verabredeten sie einen Termin beim Tierarzt, der die Vermutung äußerte, dass Sweetie „Zuckerkrank" sein könnte. Das erschreckte die Menschen wirklich. Sie wussten, dass diese Krankheit auch bei den Tieren auf dem Vormarsch war, hätten aber nie gedacht, dass ihre eigene kleine Katze davon betroffen sein könnte. Zu den Medikamenten, die der Tierarzt mitgab, hatte Sweetie sich gegenüber Emma nicht geäußert. Dafür aber darüber, dass ihre Menschen mehr tun wollten, als nur das, was da aus dem Ungleichgewicht geraten war, mit Spritzen zu behandeln.

Sie begannen, sich Gedanken darüber zu machen, welche Hintergründe diese schwere Erkrankung haben konnte und fanden sehr schnell heraus, dass jeder, dem die tiefe innere Freude und Zufriedenheit fehlt, von dieser Krankheit betroffen sein kann. Sie waren bereit, auch bei sich zu schauen, inwiefern sie selbst zufrieden waren mit sich und ihrem Leben und ob sie täglich genügend echte Freude empfanden; denn echte Freude unterscheidet sich sehr wohl von oberflächlicher Freude. Das wusste Emma schon lange. Die Freude, die man tief im Inneren spürt, braucht keine Nahrung aus dem Äußeren. Sie ernährt sich aus sich selbst. Emma war froh und dankbar, dass Sweetie Menschen an ihrer Seite hatte, die ihr helfen wollten, ihre innere Freude zu finden. So würde sich vielleicht irgendwann sogar eine Tür öffnen, die es möglich machte, dass die innere Leere auf andere Art und Weise gefüllt werden konnte, nämlich mit bedingungsloser Liebe.

Emma, noch immer geblendet von dem ihrer Meinung nach überflüssigen Schnee, schloss die Augen und genoss zufrieden und voll echter Freude die Wärme der Heizung, auf der ihre kuschelige Decke lag.

Mögliche Hintergrundthemen:

- Mangel an Lebenssinn und Lebenswärme
- Unzufriedenheit
- Sehnsucht nach Liebe, gleichzeitig Angst davor
- Tiefer Kummer

Das Thema Bewegungsapparat

Es war ein schöner Samstagmorgen, als Rusty mit seinem Herrchen auf dem Weg zum Bäcker war. Rusty ging sehr gerne mit zum Bäcker, konnte jedoch einfach nicht verstehen, warum Hunde nicht mit hinein in die Bäckerei durften. Was sollte dabei denn schon passieren? Befürchteten die Menschen vielleicht, dass Rusty in die Auslagekörbe springen würde? So ein Quatsch. Doch ließ es sich leider nicht ändern, Rusty durfte nicht hinein und nahm so vor der Tür Platz. Heute musste er nicht einmal alleine warten, denn ein Schäferhund saß schon dort. Rusty begrüßte ihn und stellte sich vor. Der Schäferhund erwiderte den Gruß und meinte, er hieße Capone. Capone schien zunächst etwas verstockt zu sein, denn er schaute trübsinnig vor sich auf den Boden. Rusty ließ sich davon nicht beeindrucken und fragte Capone, wie es ihm gehe. Capone schien geradezu überrascht zu sein, dass man ihn nach seinem Wohlbefinden fragte. Dann begann er aber zu erzählen, dass er sich nicht so gut fühlen würde. Etwas sei mit seinen Gelenken nicht in Ordnung, die würden ihn häufig so sehr plagen, dass er nur unter Schmerzen und mit großen Anstrengungen laufen könne. Capone sei fast schon Stammgast beim Tierarzt, Tabletten seien an der Tagesordnung, und wenn es ganz arg schlimm würde, bekäme er Spritzen. Die Situation wäre immer schwerer auszuhalten, weil die Medikamente keine dauerhafte Besserung brachten.

Capone erzählte weiter, dass auch seine Menschen Probleme mit den Kniegelenken hätten. Seinem Frauchen habe man sogar schon ein künstliches Kniegelenk eingesetzt, und wenn es schlecht ausging, dann müsste sein Herrchen auch noch unters Messer. Beide wären bereits in Rente, hätten ihr Häuschen mit Garten bezahlt und könnten sich eigentlich am Leben erfreuen. Doch irgendwie sei ihnen die Lebensfreude abhanden gekommen. Die Tage reihten sich trist und öde aneinander. Es gab nichts, worauf man sich wirklich freuen konnte, und so fristeten sie zu dritt tagein tagaus ihr Dasein.

Mit den Nachbarn hätten seine Menschen ringsherum Streit, so dass man nicht einmal den Garten genießen konnte. Capone verstand seine Menschen einfach nicht. Sie waren so negativ und lehnten jede Art von Neuerungen grundsätzlich erst einmal ab. Capone fragte sich, wovor sie eigentlich Angst hätten. Inzwischen hatte sich Capone richtiggehend warm geredet, so dass Rusty ihn nicht unterbrechen wollte. Doch musste er ihm unbedingt noch etwas sagen, bevor sein Herrchen aus der Bäckerei kam.

Rusty hatte nämlich, obwohl Capones Situation so ausweglos schien, eine Idee. Er wusste, dass der Tierarzt, zu dem seine Menschen mit ihm gingen, sich auf Gelenkkrankheiten bei Hunden spezialisiert hatte, und ihm war klar, dass in Capones Fall ein Spezialist vielleicht besser weiterhelfen konnte. Also erzählte Rusty Capone schnell von Dr. Ruppel-Rosenbaum und seiner Praxis im Lindenweg 35. Rusty hatte nur leider keine zündende Idee, wie er diese Information Capones Herrchen zukommen lassen konnte, denn er war es ja, der diesen Tipp bekommen musste. Rusty musste es irgendwie gelingen, dass ihre Menschen miteinander sprachen. Er kannte sein Herrchen ganz genau und wusste, wenn er sehen konnte, wie beschwerlich Capone nur noch laufen konnte, würde er direkt Dr. Ruppel-Rosenbaum empfehlen.

Capone und Rusty hatten Glück. Ihre Menschen kamen gemeinsam aus der Bäckerei. Rusty stand direkt auf, während wie erwartet, Capone etwas länger brauchte und sein Herrchen musste ihm beim Aufstehen sogar behilflich sein. Deshalb fragte Rustys Herrchen sofort, woran Capone leide. So kamen die Männer kurz ins Gespräch, aber doch lange genug, um den Tierarzt-Tipp geben zu können. Rusty wünschte Capone viel Glück und verabschiedete sich.

Jetzt war seine große Zeit gekommen, er liebte es nämlich, die Brötchen im Stoffbeutel nach Hause zu tragen. Mit stolz erhobenem Haupt trug er die Frühstücksbrötchen seiner Menschen nach Hause und durfte sich dort mit einem besonders schönen Kauknochen zurückziehen. Der Tag war gerettet.

Mögliche Hintergrundthemen:

- Fortschritt – Vorankommen – Weiterentwicklung
- Mangelnde Flexibilität – Widerstand gegen Veränderung
- Angestaute Wut und Aggression
- Fehler nicht eingestehen wollen
- Angst vor der Zukunft

Das Thema Blase

Es war ein perfekter Morgen für Rusty. Er lag hinter der Terrassentür auf seiner weichen Decke und sah in seinen geliebten Garten. Über den Baumwipfeln ging gerade die Sonne auf. Er spürte, dass es ein schöner Tag werden würde und freute sich darauf. Plötzlich jedoch bemerkte er eine Bewegung im gegenüberliegenden Garten. Smartie, die nette Retriever-Hündin aus dem Nachbarhaus, wurde gerade zum vierten Mal an diesem Morgen in den Garten gelassen. Sie setzte sich nach Hündinnen-Manier hin und quietschte dabei ein wenig. Fast schien es so, als wolle sie gar nicht mehr aufstehen. Sie wirkte total verspannt und verkrampft. „Was sie wohl hat", dachte Rusty, „sie wird doch hoffentlich nicht ernsthaft krank sein?" Er erinnerte sich, was Smartie ihm erst vor ein paar Tagen erzählt hatte: „Meine Menschen sind sehr unglücklich. Herrchen hat sehr viel zu tun im Büro, und immer öfter kommt er erst spät in der Nacht nach Hause. Er will aber mit niemandem darüber sprechen, sondern tut immer so, als wäre alles in Ordnung. Das ist es aber keinesfalls. Frauchen ist darüber sehr traurig. Wenn sie sich wenigstens miteinander austauschen würden. Aber jeder behält seine Gefühle für sich und meint, alleine damit fertig werden zu können. Doch das will nicht gelingen.

Ich spüre den Druck, der sich bei ihnen aufbaut, mehr und mehr. An manchen Tagen sitzen sie sich wie versteinert gegenüber und sagen gar nichts. Die innere Spannung wächst. Keiner weiß, wie er das, was auf ihm lastet, ausdrücken soll; und weil sie das nicht wissen, behalten sie es für sich. Dadurch wird der innere Druck immer größer, es ist kaum noch auszuhalten."

Sie berichtete weiter, dass es ihr mittlerweile körperlich weh-tat, ihre Menschen so erstarrt zu sehen – innerlich wie äußerlich. „Eigentlich müssten sie doch nur den Mut haben, über das zu spre-chen, was sie bewegt. Sie müssten ihren Gefühlen freien Lauf las-sen. Stattdessen sitzen sie sich gegenüber wie Statuen und schwei-gen. Es ist eine unschöne Atmosphäre."

Smartie war sich schon lange bewusst, dass die Emotionen, die Wut und der Frust, den mittlerweile alle in sich spürten, nicht län-ger zurückgehalten werden durften. Doch wie sollte sie es ihren Menschen begreiflich machen? Wie es ihnen nahebringen? Sie wollte so gerne, dass wieder Unbeschwertheit einzog bei ihr zu Hause. Während sie noch dachte, wie schwer das für sie wäre, da sie ja „nur" ein Hund sei und doch nichts tun könne, fing ihr Kör-per an, auf das, was sich im Äußeren abspielte, zu reagieren. Er bildete ein Spiegelbild zu dem Verhalten der Menschen.

Die Blase von Smartie entzündete sich an dem äußeren Druck und übte nun ihrerseits einen schmerzhaften Dauerdruck auf Smartie aus. Dadurch bekam sie eine, wenn auch sehr unangeneh-me Möglichkeit, mit der Spannung umzugehen und ihrem Unwil-len darüber Ausdruck zu verleihen. Smartie spürte mittlerweile am eigenen Leib, wie schmerzhaft Loslassen sein konnte – und doch gab es keine Alternative für sie, als diesem schmerzhaften Druck immer und immer wieder nachzugeben.

Rusty erkannte klar, dass Smarties Menschen nur eine Möglich-keit hatten, nämlich sich ihren Problemen zu stellen. Sie mussten lernen, mit ihren Gefühlen, vor allem mit den vermeintlich nega-tiven, umzugehen und sie offen zu zeigen. Er erinnerte sich, dass es auch mit Smarties eigener Konfliktbereitschaft nicht weit her war. Sie blieb, auch wenn sie sich ärgerte oder wütend war, immer gleichbleibend freundlich. Er beschloss, ihr bei der nächsten Begeg-nung zu sagen, dass auch sie ihre Gefühle ausdrücken dürfe. Vor allem ihm gegenüber. Er würde ihr sogar erlauben, ihn anzuknurren. Natürlich nur, wenn es auch angebracht war. Er würde allenfalls höflich und leise zurückknurren. Schließlich war er ein Gentleman.

Sicher würden Smarties Menschen heute mit ihr zum Tierarzt gehen, damit die Dinge auf körperlicher Ebene wieder in Fluss kamen. Sein letzter Gedanke, bevor er dem Frühstück entgegenträumte, war: „Hoffentlich wissen Smarties Menschen, dass auch die Gefühle in ihrem Inneren gesehen und geheilt werden möchten."

Mögliche Hintergrundthemen:

* Loslassen
* Lernen, mit Druck umzugehen.
* Gefühlen ihren freien Lauf lassen, wenn es angebracht ist.

Das Thema Darm

Eine der Lieblingsbeschäftigungen von Emma war es, durch die angrenzenden Gärten zu streifen, um zu schauen, was sich dort so ereignete. Sehr gut gefiel es ihr, mit dem weißen Zwergkaninchen zu spielen, das zwei Häuser weiter wohnte. Fairerweise musste man sagen, dass das, was Emma *spielen* nannte, für das Kaninchen eher ärgern bedeutete. Aber es handelte sich bei Kessy um ein freches und wehrhaftes Kaninchen, das durchaus wusste, wie es sich gegen Emma durchsetzen konnte.

Den Sommer über durfte Kessy täglich ein paar Stunden in den Garten, wo sie entweder unter Aufsicht frei herumlaufen oder sich in einem abgesicherten Gehege tummeln durfte. Heute war sie gerade dabei, im Zickzack durch den Garten zu hoppeln, als Emma sich vor sie stellte, einmal um sie herum ging und verwundert das feuchte Hinterteil von Emma bemerkte.

„Bist du in euren Teich gefallen?", fragte Emma erstaunt. Kessy schaute Emma grimmig an und murrte: „Wenn es das wenigstens wäre. Dann hätte ich es ja selbst in der Hand." „Du meinst in der Pfote", korrigierte Emma sie vorlaut, wodurch sich Kessys Laune keineswegs besserte. „Ja, ja, mach du dich auch noch über mich lustig. Meine Stimmung ist sowieso schon nicht die beste." „Was ist denn los?", fragte Emma nun doch voller Mitgefühl mit dem kleinen flauschigen, wenngleich auch zornigen Fellbündel.

Dann legte Kessy los. Sie begann zu erzählen, und es war, als hätte jemand einen Stöpsel gezogen. Endlich durfte alles aus ihr heraussprudeln, was sich so lange angesammelt hatte. Zuerst erzählte sie widerwillig, dass ihr Hinterteil gewaschen worden sei, etwas, was sie ganz und gar nicht schätzte. Dann berichtete sie weiter, wie sehr es sie störte, dass sie aufgrund ihrer Größe und wohl auch, weil sie aussah wie ein süßes kleines Stofftier, von ihren Menschen nicht so ernst genommen wurde, wie sie es sich wünschte.

Ihren Unwillen darüber zeigte sie auf vielerlei Weisen. Im Haus riss sie mit Vorliebe die Tapeten von den Wänden, wobei es ihr die hellgrünen Tapeten im Wohnzimmer besonders angetan hatten. Auch Kabel waren vor ihr nicht wirklich sicher. Sie tat dies aber keinesfalls aus reiner Zerstörungswut, sondern sie wollte so auf ihre eigene und auch auf die unterschwellig herrschende Wut ihrer Menschen aufmerksam machen.

„Was hat das denn nun alles mit deinem nassen Hinterteil zu tun?", wollte Emma wissen. „Ach, das ist auch so eine Sache", erzählte Kessy weiter.

Sie berichtete, dass sie, seit sie bei ihren Menschen sei, und das waren schon einige Jahre, an Durchfall litt. Sämtliche Behandlungen hatten bisher noch nicht gefruchtet. Kessy meinte voller Zorn, dass das, was sie damit zum Ausdruck bringe, einfach nicht gesehen werde. Wie so manches…

„In meinem Fall ist es nicht etwa so, dass ich vor irgendetwas Bestimmtem Schiss hätte. Keinesfalls. Vielmehr ist es eine generelle Angst, die mich so unsicher macht."

„Du und unsicher? Nie hätte ich das gedacht, du wirkst so stark", wunderte Emma sich. „Siehst du, sogar du fällst darauf herein", antwortete Kessy. Dabei wusste Kessy, dass die Angst nur ein Teil ihres Problems war. Eine andere Seite war, dass sie nur schwer unterscheiden konnte, was gut für sie war und was nicht. Sie sehnte sich einerseits nach einem aufregenden Leben, andererseits schätzte sie ebenfalls sehr die Annehmlichkeiten einer gewissen Regelmäßigkeit. An manchen Tagen gab es viel zu viele Eindrücke, die sie einfach nicht alle auf einmal verarbeiten konnte.

Sie half sich auf ihre Art und Weise, indem sie all das, was ihr zu viel war, einfach sofort wieder losließ. Und loslassen bedeutete bei ihr eben, dass sie Durchfall bekam. Es war genau so, wie der Name dieses Symptoms sagte: Etwas fiel durch. Emma stellte sich selbst die Frage, was es wohl war, was da durchfiel? Vielleicht war es ja etwas, was eigentlich noch gebraucht wurde? Vielleicht hielt Kessy am Falschen fest und ließ das Richtige los? Und warum konnte Kessy nicht festhalten? Wie konnte sie lernen zu unterscheiden? Die entscheidende Frage war jedoch: Wie konnte sie lernen, mit dem zu leben, was das Leben ihr bot?

Fragen über Fragen. Emma spürte, wie schon so oft, dass es nicht alleine bei Kessy lag, alle diese Fragen zu beantworten. Wieder einmal waren auch die Menschen gefragt, nicht nur auf die unangenehmen Symptome zu schauen, sondern auch auf das, was diese ausdrückten, was in Kessys Fall durchaus wörtlich genommen werden konnte.

Mögliche Hintergrundthemen:

- Loslassen – Festhalten – Aussortieren – Verarbeiten
- Angst
- Zu viel Ballast aufnehmen
- Zu viel Druck
- Mangelnde Flexibilität
- Widerstände

Das Thema Geschlechtsorgane

Im Revier von Katze Emma gab es ein Haus, das es ihr besonders angetan hatte. Zu diesem Haus gehörte ein großer Wintergarten – und dieser Wintergarten hatte es in sich. Im wahrsten Sinne des Wortes. Dort standen nicht, wie in den anderen Wintergärten, die Emma von ihren Streifzügen kannte, ganz viele Pflanzen. Vielmehr herrschte in diesem Wintergarten reges Treiben. Kleine Nager hatten den großen hellen Raum in Beschlag genommen und wuselten dort in ihren abgesteckten Gehegen herum, dass es eine Freude war, ihnen zuzusehen. Besonders zwei dieser possierlichen Gesellen hatten es Emma angetan. Dies waren die dunkelbraune Meerschweinchendame Anastasia und der lustig schwarz-weiß gefleckte Theodor. Die beiden lebten in unterschiedlichen Gehegen und konnten – ganz wie in der Geschichte von den zwei Königskindern – nicht zueinander finden, obwohl sie genau das offensichtlich sehr gerne wollten. Theodors Imponiergehabe war von außen nicht zu übersehen. Emma fand es ziemlich peinlich.

Theodor benahm sich, als wäre er ein Geschenk für die Damenwelt. Er geizte nicht mit seinen Reizen, die Emma allerdings nicht wirklich nachvollziehen konnte. Er stellte sich ziemlich zur Schau, so als wäre er alleine für den Erhalt seiner Rasse verantwortlich. Dabei hatte er scheinbar völlig verdrängt, dass er gar keine Nachkommen mehr zeugen konnte. Zu gut konnte Emma sich an den Tag erinnern, als seine Menschen mit ihm vom Tierarzt zurückkamen, wo er offensichtlich um einen Teil seiner männlichen Persönlichkeit beraubt worden war. Ein Eingriff, der, wie Emma wusste, bei diesen kleinen Gesellen nicht ohne Risiko war. Aber obwohl Theodor nun wichtige Attribute seiner Männlichkeit fehlten, benahm er sich so, als wäre nichts geschehen. Auf Außenstehende wirkte er männlich, vital und kraftvoll – besonders auf Anastasia, die ihn aus weiter Ferne anschmachtete.

Emma dachte mit gerunzelter Stirn darüber nach, warum Menschen ihren Tieren die Fähigkeit nehmen ließen, Nachkommen zu haben. Sie hatte eine Ahnung, dass es gute Gründe dafür geben konnte. Doch warum nur wurden diese mit den betroffenen Tieren nicht besprochen? Vielleicht wissen die Menschen nicht, dass wir alles verstehen können und sogar bereit sind, Opfer auf uns zu nehmen? Doch so, wie es üblicherweise geschah, wurde ungefragt in die Lebenswelt der Tiere eingegriffen, die ihrerseits nicht nur die körperlichen Folgen dieses Eingriffs zu tragen hatten.

Während sie über die Unfähigkeit der Menschen zur Kommunikation mit ihren Tieren sinnierte, sah sie Anastasia angelaufen kommen. Sie wirkte unförmig und dicker als sonst, und Emma vermutete sofort richtig, dass es sich dabei um eine Krankheit handeln müsse.

Wann immer Emma Anastasia in früheren Zeiten beobachtet hatte, war ihr klar geworden, dass deren größte Sehnsucht darin bestand, Kinder zu bekommen. Da die Menschen von Anastasia das aber nicht wollten, bekam sie keine Gelegenheit, sich mit ihrem Liebling Theodor – damals noch ein „ganzer Mann" – zu treffen. Mittlerweile stellte er in Sachen Nachkommen keinerlei Gefahr mehr dar. Emma überlegte, ob es bei Meerschweinchen ähnlich war wie bei Menschen, die sich einen Ersatz dafür suchen, wenn sie keine Kinder bekamen.

Was sie auf jeden Fall wusste war, dass auch die Tiere – egal welcher Art sie angehörten – sehr liebevolle Eltern sein konnten. Sie selbst wurde immer ganz melancholisch, wenn sie irgendwo eine Katzenmutter mit ihren Babys sah. Dann waren ein Sehnen und eine Traurigkeit in ihr, die mit Worten kaum erklärt werden konnte. Es war auf jeden Fall mehr als ein reiner Fortpflanzungstrieb, der in solchen Momenten aus ihr hervorbrach. Es war die pure Liebe, die sie aber auf dem Weg über die Mutterschaft nicht weitergeben durfte.

Auch Anastasia hegte wohl den innigen Wunsch nach Kindern. Und jeder weiß – zumindest weiß das jedes Tier – dass das, was man sich nur innig genug wünscht – sich auf irgendeine Art und Weise erfüllt. So wuchs etwas „anderes" in Anastasia heran, und zwar genau an dem Ort, der für die Fortpflanzung vorgesehen war. Emma überlegte: „Anastasia müsste sich vielleicht neuen Ideen öffnen, auf dass diese – statt dieses Fremdkörpers in ihr – wachsen und gedeihen können? Ihre Menschen müssten verstehen lernen, dass da etwas war, was sie zum Ausdruck brachte: Nämlich Sehnsucht, Liebe und Geborgenheit verschenken zu wollen."

Sie wünschte Anastasia ganz innig, dass sie gemeinsam mit ihren menschlichen Begleitern einen neuen Weg finden würde, diese Sehnsucht zu erfüllen.

Mögliche Hintergrundthemen:

*   Sexualität
*   Hingabe – Öffnung
*   Macht
*   Fruchtbarkeit – Entwicklung – Kreativität
*   Geschlechterkampf

Das Thema Haut

Rusty genoss den Spaziergang am Mittag immer ganz besonders. Das war die Zeit, in der man die meisten Kollegen treffen und sich über das austauschen konnte, was es so an Neuigkeiten, Klatsch und Tratsch zu berichten gab. Soeben hatte er Matzinger getroffen, einen kleinen schwarzen Bully-Rüden, der erzählte, dass er mit seinem Menschen bald verreisen würde. Mehr Zeit zum Austausch hatten die beiden aber nicht, weil ihre Menschen unterschiedliche Wege einschlugen.

Gerade hatte er Matzinger verabschiedet, als sie an einem Garten vorbeikamen. Darin saßen vier Kaninchen auf der Wiese. Am Gartenzaun stand ein Mann, der mit seinem Rosenstock beschäftigt war. Sein Frauchen und der Herr schienen sich zu kennen, denn sie kamen ins Gespräch.

Frauchen sprach ihn mit *Herr Schneider* an. Rusty interessierte sich aber nicht sonderlich für Herrn Schneider, viel mehr jedoch für die lustigen Kaninchen. Er beobachtete, dass eines der Kaninchen, ein ganz weißes, mit langen zotteligen Haaren, etwas abseits saß und dabei nicht wirklich glücklich wirkte. Rusty meinte erkennen zu können, dass sich das Kaninchen kratzte. Die anderen drei waren dagegen putzmunter und kamen neugierig in Rustys Richtung gehoppelt. So ganz trauten sie sich allerdings nicht an den Zaun, dabei hätte Rusty ihnen doch niemals etwas tun können.

Rustys Frauchen fand es ganz niedlich, dass die drei Kaninchen so nahe zu ihnen herüberkamen und fragte Herrn Schneider, warum denn das süße weiße Kaninchen da drüben so alleine sitzen blieb. Da erzählte Herr Schneider, dass die kleine Weiße „Fee" hieß und seit einiger Zeit krank sei. Sie waren auch schon mit Fee beim Tierarzt, doch der konnte nicht viel tun, außer ihnen ein Medikament gegen den Juckreiz zu verschreiben, das sie einmal am Tag verabreichen sollten. Leider war darunter der Juckreiz, der die kleine Fee am ganzen Körper plagte, nur unbedeutend zurückgegangen. Doch trotzdem befände sich Fee schon auf dem Wege der Besserung.

Herr Schneider freute sich über das Interesse, das Rustys Frauchen zeigte, und erzählte weiter: Jedem seiner vier Kinder gehöre ein Kaninchen. Die Kinder seien zwischen sechs und zwölf Jahren und hätten sehr viel Freude mit ihren Tieren. Die kleine Fee sei das Kaninchen ihrer jüngsten Tochter, der sechsjährigen Sophia. Sie kümmere sich ganz besonders rührend um Fee und fühlte sichtlich mit, seit es dem kleinen zarten Kaninchen nicht gut ging.

Sophia war von zierlicher Gestalt und eher klein für ihr Alter, und noch vor gar nicht allzu lange Zeit sei es ihr auch nicht gut gegangen. Die Eltern hatten beobachtet, dass sie, seit sie die Schule besuchte, nicht mehr so ausgeglichen und fröhlich war wie noch zuvor. Eine Erklärung dafür konnten sie aber nicht finden und suchten den Kontakt zu Sophias Lehrerin.

Vor drei Wochen waren sie zum Elterngespräch eingeladen gewesen. Dabei berichtete die Lehrerin, dass Sophia von einigen Schülern in der Klasse geärgert und gehänselt wurde. Sophias zarte Gestalt nahmen offensichtlich einige ihrer Schulkameraden zum Anlass, sich über sie lustig zu machen. Sie sei ja nur ein halbes Hemd und ein Fingerschnippser würde genügen, dass Sophia aus den Latschen kippte. Solche Beleidigungen habe die Lehrerin mit eigenen Ohren gehört und diese Situation direkt zum Thema in der Klasse gemacht. Sie wollte ein so unschönes Verhalten auf keinen Fall dulden.

Sophias Eltern waren sehr bestürzt, denn zu Hause hatte Sophia mit keinem Wort erwähnt, dass sie in der Schule gehänselt wurde. Ihnen wäre nur aufgefallen, dass Sophia nicht wirklich glücklich schien und schon morgens öfters über Bauchschmerzen klagte. Sophias Lehrerin bewies ein glückliches Händchen, denn sie berichtete weiter, dass sie den Kindern erklärte, welche bösen Folgen es haben kann, wenn man jemanden – aus welchen Gründen auch immer – aus einer Gruppe ausschließt. Achtung und Wertschätzung sowie das Miteinander in der Gruppe machte sie zum Inhalt ihres Unterrichts. Dadurch konnten die Kinder erkennen, wie schlimm es für denjenigen ist, der ausgeschlossen wird. Es gelang der Lehrerin darüber hinaus, den Kindern zu vermitteln, dass es ein gutes Miteinander in einer Gruppe nur geben kann, wenn man sich untereinander hilfreich und unterstützend zur Seite steht.

Nach der Klärung der Situation blühte Sophia zusehends auf. Inzwischen ging sie gerne zur Schule. Spannend fand Herr Schneider seine Beobachtung, dass es Sophia und auch der kleinen Fee fast zeitgleich besser ging. Ihre Vermutung war, dass Fees Juckreiz und Sophias Situation in der Schule eng miteinander verknüpft waren. Jetzt wollten sie weiter beobachten, ob der Juckreiz vielleicht wieder ganz verschwinden würde.

Obwohl Rusty die Kaninchen nicht aus den Augen gelassen hatte, hörte er doch interessiert, was Herr Schneider da erzählte. Rustys Frauchen war nicht weniger beeindruckt. Sie verabschiedete sich und meinte, dass sie wieder einmal vorbeikommen würde, weil sie doch sehr gespannt sei, ob sich die Symptome bei Fee tatsächlich weiter bessern würden. Rusty war mindestens genauso neugierig zu erfahren, ob Fee wieder ganz gesund werden würde.

Mögliche Hintergrundthemen:

- Übergroße Sensibilität
- Überschreitung persönlicher Grenzen
- Gestörte Kommunikation
- Schutzlosigkeit

Das Thema Herz

Auf einem früheren Spaziergang, der schon ganze eine Weile her war, hatte Rusty seinen etwas niedergeschlagenen Freund Moritz getroffen, einen schwarzen Labrador, der drei Straßen weiter wohnte. Moritz war an diesem Morgen nicht so munter und gutgelaunt wie sonst, sondern stöhnte verächtlich und berichtete über einen Besuch beim Tierarzt, bei dem dieser eine Unregelmäßigkeit an seinem Herzen festgestellt hatte. Jedoch führten alle weiteren Untersuchungen zu keinen Ergebnissen, zumindest zu keinen Ergebnissen, die man mit irgendwelchen Medikamenten zu behandeln wusste. Der Tierarzt war mit dieser Situation anscheinend gar nicht zufrieden. Doch Moritz' Frauchen konnte das ganz gut annehmen, weil sie relativ schnell erkannte, dass es ihre eigene Situation war, die Moritz zu Herzen ging. Sie begann, sich mit dem Herzen und dessen Symbolik zu beschäftigen. Sie las entsprechende Bücher und saß Stunden vor dem Computer, um sich mit der Thematik vertraut zu machen.

Am schönsten fand Moritz, so sagte er, dass sein Frauchen ihm erzählte, was sie las und was sie dabei lernte. Und weil Moritz das, was er einmal gehört hat, nie mehr vergisst, konnte er Rusty sehr gut davon berichten. Moritz sprach also weiter, dass das Herz sinnbildlich für das Zentrum der Liebe und Sicherheit steht und damit auch für die Fähigkeit, zu lieben und Gefühle zu leben. Symbolisch steht das Herz für den Antrieb des Lebens. Es stellt den Teil der Organe dar, der zusammen mit dem Atem für den lebensnotwendigen Rhythmus des Organismus sorgt. Moritz wusste so auch, dass die Ursachen von Herzproblemen sehr unterschiedlich sein können, sowohl von Hund zu Hund als auch von Mensch zu Mensch. Immerhin sind wir ja alle auch anders, und keiner gleicht dem anderen wirklich. Das muss dann natürlich auch so sein, wenn es um so persönliche Angelegenheiten wie körperliche Probleme geht. Das zumindest erschien Moritz nach eigener Aussage sehr schlüssig. Er konnte sich noch erinnern, dass sein Frauchen ihm verschiedene Ursachen genannt hatte, die zu Herzproblemen führen können:

Das waren emotionale Probleme, wie ein Mangel an Freude am Leben, auch wenn man so unter Stress steht, dass man sich ständig überfordert fühlt; oder man empfindet eine Situation als ausweglos und hat das Gefühl, dass man viel zu viel Druck bekommt und aushalten muss. Möglich ist auch, dass man keine wirkliche Freude empfinden kann. Vielleicht schafft man es auch nicht, anderen oder auch sich selbst etwas zu verzeihen, von dem man das Gefühl hat, man müsste es verzeihen können. Es kann auch sein, dass derjenige mit Herzproblemen jemanden liebt, diese Liebe aber eher schmerzhaft als liebevoll ist. Solche Ursachen können alle zu Problemen mit dem Herzen führen.

Bei Moritz Frauchen war es die Tatsache, dass sie sich dem Alltag kaum noch gewachsen fühlte. Im Job war sie ständig überfordert und sah sich fast in dem Berg der zu erledigenden Arbeiten untergehen. Weil sie so viele Überstunden leisten musste, um ihre Arbeit überhaupt irgendwie zu schaffen, blieb zu Hause auch viel liegen, so dass sie nicht einmal dort zur Ruhe finden konnte. Damals hat Moritz' Herrchen zu Hause noch nicht so viel mitgeholfen, und erst als Moritz' Frauchen ihn um Unterstützung bat, konnte sich etwas verändern. Heute hat sie auch einen Job, der ihr richtig Freude bereitet. Dort fühlt sie sich ernst genommen und auch wertgeschätzt. Man freut sich auf sie, und sie freut sich auf die Menschen und ihre Arbeit dort. Das Allerbeste an der ganzen Sache war aber, dass bei einer später durchgeführten Kontrolluntersuchung beim Tierarzt bei Moritz keinerlei Unregelmäßigkeiten mehr festgestellt werden konnten.

Mögliche Hintergrundthematik:

* Emotionale Probleme und Verletzungen
* Ängste
* Alles, was einem zu Herzen gehen kann.

Das Thema Leber

Farello wurde vor einigen Wochen aus einer Tötungsstation aus dem Ausland ins Tierheim gebracht, fand sich dort jedoch überhaupt nicht zurecht. Man konnte ihn einfach nicht einschätzen, mal schien er lustlos, depressiv und traurig, dann wieder regelrecht aggressiv. Im Tierheim waren einfach zu viele Tiere, um die man sich kümmern musste, so dass nicht genügend auf Farellos Befinden eingegangen werden konnte. Zunehmend machte man sich Sorgen um Farello und hielt es für das Beste, eine Pflegestelle für ihn zu suchen. Die konnte relativ schnell gefunden werden. Eine Familie mit zwei Kindern im jugendlichen Alter nahm Farello auf, in der schon ein weiterer Pflegehund, der siebenjährige Schäferhundrüde Nabor, lebte. Farello brauchte einige Tage, um sich in der neuen Umgebung zurechtzufinden. Nur nach und nach fasste er Vertrauen zu den Menschen. Mit Nabor hingegen hatte er von Anfang an keine Probleme. Im Gegenteil, man hatte sogar das Gefühl, dass Nabor ausgleichend und beruhigend auf Farello wirkte.

Farellos Stimmungsschwankungen fielen nicht mehr so deutlich auf. Markant war jedoch, dass er abwechselnd unter Durchfall und Verstopfung litt und sich öfters erbrechen musste. Sein neues Frauchen entschied sich darum dafür, den Tierarzt Dr. Melcker zu konsultieren. Dr. Melcker ließ sich ausreichend lange Zeit, bis Farello augenscheinlich etwas Vertrauen gefasst hatte. Anschließend wurde er sorgfältig untersucht und bekam auch Blut abgenommen. Farello war sehr tapfer und erhielt zur Belohnung ein Leckerchen, das er sogar direkt annahm. Einige Tage später waren die Laborbefunde da, und aus ihnen wurde ersichtlich, dass die Leberwerte sehr stark erhöht waren. Dr. Melcker sah darin Farellos Symptome allesamt bestätigt und verordnete verschiedene Medikamente.

In den folgenden Wochen lebte sich Farello sehr gut bei seiner Pflegefamilie ein. Inzwischen zeigte sich, dass er am meisten Spaß hatte, wenn seine Menschen gemeinsam mit Nabor und ihm auf ausgiebigen Spaziergängen im Feld unterwegs waren. Inzwischen hatte er auch fast alle Hunde in der Nachbarschaft kennengelernt und dabei bewiesen, dass er sich mit allen und jedem gut verstand. Am meisten freute sich Farello, wenn er Rusty traf. Schon ihr erstes Zusammentreffen wirkte auf die Menschen so, als würden sie sich bereits ewig kennen. Dabei hatten sie auch noch das Gefühl, als würde es Farello nach jedem Treffen mit Rusty besser gehen. Rusty schien auf ihn wie Balsam für die Seele zu wirken. Man konnte fast vermuten, dass Farello in Rusty einen Berater gefunden hatte. Auch seine anfänglichen Stimmungsschwankungen ließen nach und verschwanden schließlich völlig.

Als die nächste Kontrolluntersuchung beim Tierarzt anstand, schien Farello wie ausgewechselt. Er machte einen viel stabileren Eindruck, und auch seine Symptome hatten sich weiter verbessert. So bestätigten die neuen Laborbefunde, dass die Leberwerte wohl noch nicht vollkommen in Ordnung, jedoch sehr viel besser als bei der letzten Untersuchung waren.

Selbst der Arzt war über die rasche Erholung in jeder Hinsicht sehr überrascht. So eine spontane Besserung hatte er bisher in seiner Praxis noch nicht erleben dürfen.

Farello freute sich sehr. Er wusste, was ihm neben den Medikamenten so gut geholfen hatte. Mit Rusty und Nabor hatte er echte Freunde gefunden, die immer ein offenes Ohr für ihn hatten. In ihrer Gegenwart fühlte er sich sicher und geborgen und konnte darüber erst richtig Vertrauen zu seinen neuen Menschen fassen. So war es eine glückliche Fügung, dass Farellos Pflegefamilie entschied, nicht nur ihn, sondern auch Nabor für immer bei sich zu behalten. Nabor und Farello waren im Alltag ein wunderbares Team und für ihre Menschen eine wahre Freude.

Mögliche Hintergrundthemen:

* Kummer
* Ärger
* Unverarbeitete Aggression

Das Thema Magen

Eines schönen Sommertages, es war noch früh am Morgen und die Sonne gerade am Aufgehen, dachte Rusty an das vergangene Wochenende. Sein Kumpel Winnetou, ein Hovawart, war mit allen seinen Leuten übers Wochenende zu Gast bei ihnen gewesen. An jenem Morgen, während Winnetou neben ihm schnarchte, hörte Rusty höchst merkwürdige Geräusche aus dessen Bauch, die er sich zuerst gar nicht erklären konnte. Doch dann, als er nach und nach richtig wach wurde, fiel ihm wieder ein, dass Winnetou gestern Abend etwas getan hatte, was eigentlich verboten ist. Rusty zumindest war es streng verboten. Aber die Versuchung war für Winnetou wohl zu groß gewesen, so dass er nicht hatte widerstehen können. Die Menschen hatten ein Fest gefeiert, und dabei war eine dicke fette Wurst vom Grill gefallen. Ohne groß darüber nachzudenken, hatte Winnetou sich von dem Duft betören lassen und die Wurst gemopst. „Nun hat er die Bescherung", dachte Rusty.

Als er näher hinhörte meinte er den Bauch von Winnetou sprechen zu hören, genauer gesagt seinen Magen. Rusty hatte noch nie ein Organ sprechen gehört, doch dieser Magen schien wirklich und wahrhaftig reden zu können. Er gab Laute von sich, die genauso gut von einem anderen Hund hätten stammen können. Rusty wurde neugierig und suchte Kontakt zu diesem mitteilungsbedürftigen Magen, in der Hoffnung, etwas mehr zu erfahren. Und tatsächlich bekam er eine Antwort, wie das eben so ist, wenn man ehrlich und interessiert zuhört.

Rusty hörte den Magen sprechen: „Obwohl ich mich normalerweise in der Mitte (des Körpers) befinde, liege ich doch so oft völlig daneben. Wie jetzt gerade auch. Meine Aufgabe ist wichtig, aber bevor ich dazu komme, sie zu erledigen, muss ich erst einmal vieles schlucken. Diesbezüglich mutet man mir so manches Mal einiges zu. Oft komme ich mir vor wie ein Müllschlucker, der alles abbekommt, was sonst keiner will. Auch wenn ich den dringenden Wunsch danach habe, dass ich gefüllt werde und auf diesem Weg Erfüllung finde, so wäre es doch mehr als schön, wenn hierbei auf etwas mehr Bewusstheit geachtet würde. Kannst du deinen Kumpel nicht einmal dazu bringen, darüber nachzudenken, was wir – also er und ich – wirklich brauchen? Und ihm auch gleich sagen, dass er nicht einfach wahllos alles in mich hineinwerfen soll, nur weil keine Zeit ist oder seine Leute keine Lust haben, sich ein paar Gedanken zu machen?

Sie meinen es sicher oft gut, doch gut gemeint ist noch lange nicht wirklich gut. Ich weiß, dass er es sich nicht immer aussuchen kann, womit er gefüttert wird. Und ich weiß auch, dass er auf das angewiesen ist, was seine Menschen ihm geben. Leider ist aber genau das, ich habe es leider schon manches Mal erlebt, nicht immer gut für mich. Da gibt es statt Qualität oftmals nur Quantität. Und das so lange, bis ich – nicht nur körperlich – kurz vor dem Platzen bin. Auch das Gegenteil habe ich schon erfahren. Bekomme ich nicht genug, werde ich ungehalten und fange an zu knurren. Dann will ich unbedingt, dass die Leere in mir gefüllt wird. Das ist aber noch lange kein Grund, wahllos und maßlos zu werden. Wenn er zum Beispiel aus Frust – der vielleicht gar nicht sein eigener ist – etwas in sich hinein frisst, bleibt mir oftmals keine andere Wahl, als alles wieder von mir zu geben. Er wundert sich dann, wenn ihm zum Kotzen ist. Aber er soll sich doch mal in meine Lage versetzen! Ich bin wie ein Raum, der die wichtige Aufgabe hat, die Dinge, die er vorübergehend beherbergt, auf ihren weiteren Weg vorzubereiten. Oft wird dieser Raum mit so viel „Inhalt" gefüllt, dass er zur Rumpelkammer wird. Manchmal bis kein bisschen Platz mehr ist und er an die Grenzen seiner Belastbarkeit kommt.

Das kann so weit gehen, dass ich die Haltung und den Halt verliere und mich in die unterschiedlichsten Richtungen drehe. Oder eben alles von mir gebe. All das macht mich tierisch nervös und oft auch sauer! Dann erwachen meine zerstörerischen Kräfte und schlagen wahllos um sich, mitunter auch in die falsche Richtung. Manchmal habe ich einfach keine Lust mehr und suche nach einem Ausweg. Ich halte nun mal keine ständigen Belastungen aus, niemand kann das. Konflikte und Stress – die vielleicht nicht meine eigenen sind – belasten mich obendrein. Von Zeit zu Zeit benötige ich wirklich Ruhe und Erholung.

Das rechte Maß zu finden, ist ein wichtiges Thema, das es im Zusammenhang mit mir zu beachten gilt. Und der Umgang mit dem, was so alles in mich hineingelassen wird. Damit meine ich nicht nur Materielles, sondern auch negative Gefühle, die aufkommen, zum Beispiel wenn er sich nicht wohl fühlt. Ich bin nicht über die Maßen belastbar und komme irgendwann an meine Grenzen. Wenn mir nicht mehr aufgebürdet wird, als ich (er)tragen kann, ist die Chance groß, dass ich wieder die Mitte finde und der Druck weichen kann."

Als Rusty das alles hörte, bekam er großes Mitgefühl mit diesem gepeinigten Organ. Er wusste, dass die Menschen von Winnetou nicht nur bei ihm, sondern auch bei sich selbst nicht sehr auf ausgewogene und frische Ernährung achteten. Zudem wurde bei ihnen sehr oft über die Stränge geschlagen, wie zum Beispiel am gestrigen Abend. Rusty wollte seinem Kumpel helfen und hatte auch schon eine Idee. Vielleicht konnte er dessen Menschen das Buch von der artgerechten Hunde-Ernährung vor die Füße legen, das im Bücherregal seines Frauchens stand. Und dann hoffen, dass sie den Hinweis auch richtig verstehen würden. Genauso würde er es machen. Sehr mit sich zufrieden, beschloss er, noch eine kleine Runde zu schlafen.

Mögliche Hintergrundthemen:

- Runterschlucken von Gefühlen (statt sie auszudrücken)
- Generell zu viel schlucken
- Überforderung
- Suche nach Erfüllung
- Maßlosigkeit

Das Thema Nase

Es war ein Tag wie viele andere, als der Kater Bonaparte morgens erwachte. Trotzdem war irgendetwas anders als sonst. Noch bevor er die Augen öffnete, wurde ihm bewusst, dass er nicht wie gewohnt atmen konnte. Irgendwie fühlte sich das Innenleben seiner Nase an, als wäre es aus den Fugen geraten und ließe nur noch ein Bruchteil der sonst üblichen Luftmenge durch. Gleichzeitig schien seine Nase überzufließen: Das Kissen, auf dem er erwachte, war unter seiner Nase ganz feucht. Bonaparte wunderte sich noch eine Weile über die Erkenntnisse des jungen Tages, stand auf, streckte sich und ging in Richtung der Küche, um nachzusehen, ob sein Frühstück schon vorbereitet war. Bonaparte war nämlich ein ausgesprochener Langschläfer und stand in der Regel erst auf, wenn seine Menschen schon aus dem Haus waren. Es waren nur ein paar Schritte bis zur Küche, und er musste schon zweimal niesen, bis er überhaupt an seinem Napf angekommen war, den sein Frauchen freundlicherweise schon mit seinem Frühstück gefüllt hatte.

Wie er sich so sein Frühstück einverleibte, überlegte Bonaparte vor sich hin, was nur mit ihm los war und was er mit einer laufenden Nase anfangen sollte. Er überlegte weiter, warum er wohl gerade jetzt einen Schnupfen bekommen musste: Eigentlich war alles wie sonst auch. Bonaparte hatte sich an das Leben bei seinen Menschen – er lebte in einer Familie mit fünf halbwüchsigen Kindern – inzwischen gewöhnt.

Lange zu schlafen, war eine Strategie, die er zu seinem persönlichen Schutz entwickelt hatte. So konnte er die morgendlich herrschende Hektik gut verkraften, denn die war nichts für Bonapartes ruhiges und gemütliches Wesen. Bis sich morgens nur jedes Kind im Bad für den Tag gerichtet, jeder sein Frühstück eingenommen, jedes Kind sein Schulbrot eingepackt hatte, das dauerte alles ziemlich lange und ging vor allen Dingen niemals ruhig und leise vonstatten. Wenn sein Herrchen nicht so manches Mal am Morgen schon hart durchgreifen würde, wäre zu befürchten, dass die Rasselbande vermutlich ihre morgendliche Prozedur noch lautstarker abhalten würde, als es so schon der Fall war.

Wenn dann endlich alle aus dem Haus waren, war Bonapartes Zeit gekommen. Dann begab er sich auf den täglichen Rundgang durch sein Revier. Bonaparte legte allergrößten Wert darauf, dass er in seinem Revier das Sagen hatte. So machte er sich auch heute, direkt nach dem Frühstück, auf den Weg. Kurz hinter der ersten Straßenecke begegnete er der Katze Emma. Bonaparte freute sich, Emma zu sehen, denn er fand, dass sie geradezu genial war. Manchmal konnte sie ihm fast Angst machen, denn sie hatte zu allem und jedem etwas zu sagen, und alles, was sie sagte, hatte dabei Hand und Pfote. Zumindest war genau das Bonapartes Erfahrung, und so erzählte er Emma schnell von seiner Schnupfennase und bat sie um einen Rat.

Emma fragte Bonaparte direkt: „Wen oder was kannst du nicht riechen oder von wem oder was hast du die Nase voll?" So sehr Bonparte diese spontane Frage überraschte, so schnell fiel ihm doch die Antwort darauf ein: „Der neue Kater, der drei Häuser weiter wohnt, den kann ich nicht riechen. Die Familie ist erst vor kurzem eingezogen. Zuerst hat man niemanden gesehen, aber seit vorgestern darf dieser vorwitzige rote Jungspund nach draußen und meint, er könne mir zeigen, wie toll er doch ist. Irgendwie scheint es dem Roten völlig schnurz zu sein, dass ich hier die älteren Rechte habe."

Emma grinste und fragte Bonaparte, ob er denn allen Ernstes immer noch nicht verstehen könne, warum er gerade jetzt seinen Schnupfen bekommen habe? Gleichzeitig ermunterte sie ihn, sich selbst doch ein wenig mehr zu vertrauen. Er müsse nur den Glauben an sich haben, dass er sich die Antworten auf seine wichtigen Fragen am besten selbst geben könne. Bonaparte bedankte sich bei Emma für die Unterstützung und erzählte – schon halb im Gehen – von seiner spontanen Idee, jetzt direkt den neuen roten Kater abzupassen, um mit ihm zu klären, dass er sich gefälligst anzupassen und sich vor allem ganz hinten in der Reihe anzustellen habe. Sprach's und verschwand.

Wir können nur vermuten, dass Bonaparte nach der Klärung der Differenzen auch den Grund für seinen Schnupfen geklärt hat, so dass er zukünftig wieder gut durchatmen kann.

Mögliche Hintergrundthemen:

- Nase voll haben von etwas
- Jemanden oder etwas nicht – mehr – riechen können.
- Überlastung

Das Thema Nieren

Katze Ginger war eine Glückskatze; und das lag nicht alleine an ihrer Dreifarbigkeit.

Ginger wurde gemeinsam mit ihrem Bruder von einem jungen Pärchen aus einer Pflegestelle zu sich genommen. Die beiden Menschen hatten sich spontan in sie verliebt, und auch Ginger und ihrem Bruder Ale ging es nicht anders. Ginger und Ale fühlten sich rasch bei ihren Menschen zu Hause. Sie lebten in einer Wohnung im ersten Stock, konnten aber über eine – extra für sie angebrachte – Katzenleiter hinaus in den Garten. Es ging ihnen und ihren Menschen viele Jahre wirklich gut. Alle schienen sich blendend zu verstehen, und man konnte im Nachhinein nicht mehr genau sagen, wann der Zeitpunkt gewesen war, an dem sich am Zusammenleben spürbar etwas veränderte.

Die Entwicklung ging ganz schleichend vor sich. Die Stimmung unter den Menschen war immer öfter so angespannt, dass Ginger und Ale es kaum ertragen konnten. In ihrer Erinnerung waren es nicht einmal Streitgespräche, die die beiden austrugen. Ginger spürte trotzdem die Schwere in der Luft und die unausgesprochenen Vorwürfe. Irgendetwas hatte sich entscheidend gewandelt.

Ein paar Tage später stellte der Tierarzt während einer Routineuntersuchung bei Ginger erhöhte Nierenwerte fest. Das Erstaunliche daran war, dass es Ginger damit äußerlich erkennbar gar nicht schlecht ging. Der Tierarzt verordnete Medikamente, um die Nierenwerte wieder in den Bereich zu bringen, den er als normal erachtete. Ginger musste die Medikamente für ihr Empfinden schon Monate bekommen haben, als sich ihr Befinden plötzlich verschlechterte.

Ihr Frauchen war sehr beunruhigt und fuhr sofort mit Ginger zum Tierarzt. Der Arzt war ebenso sehr besorgt, und so musste Ginger zunächst unter seiner Obhut in der Praxis bleiben. Das war schlimm für sie, weil es ihr allein dadurch noch schlechter ging.

Meist lag sie still in ihrer Box und ließ alle Prozeduren ohne zu murren über sich ergehen. Aus der einst sehr wehrhaften, aber dabei immer liebevollen Ginger war ein Häufchen Elend geworden. Sie selbst verstand nicht, was mit ihr los war, dazu war sie viel zu sehr mit sich selbst beschäftigt, zu müde und zu schlapp. In den kurzen wachen Momenten sehnte sie sich heim zu ihren Menschen und zu ihrem Bruder.

Ihr Frauchen besuchte sie täglich zweimal und erzählte Ginger alle Neuigkeiten von zu Hause. Ihr Herrchen kam leider nicht ein einziges Mal, um nach ihr zu sehen. Nach fast zehn Tagen hatte sich Ginger zusehends erholt. Als Gingers Frauchen an diesem Tag kam, erzählte sie ihr, dass sie nur noch eine weitere Nacht in der Praxis bleiben müsse. Sie solle sich auch keine Sorgen machen, es sei jetzt wieder alles auf einem guten Weg, um in Ordnung zu kommen. Herrchen habe in der letzten Woche beschlossen, sich von ihr zu trennen, und sei am Morgen schon ausgezogen. Als sie das erzählte, liefen ihr die Tränen in einem nicht enden wollenden Fluss über die Wangen. Ginger hatte großes Mitgefühl, kuschelte sich ganz eng in die angebotene Hand und wartete, bis der Tränenfluss nachließ.

Gingers Frauchen verabschiedete sich und versprach, am nächsten Morgen ganz früh wieder zurück zu sein, um Ginger dann wieder mit nach Hause zu nehmen. In der Nacht dachte Ginger lange nach und meinte, nun verstanden zu haben, warum es ihr plötzlich so schlecht gegangen war. Es war ihr einfach nicht mehr möglich gewesen, sich gegen die Konflikte in der Partnerschaft ihrer Menschen emotional zu schützen, und dadurch war sie der Situation zu irgendeinem Zeitpunkt so ausgeliefert, dass sich das über körperliche Symptome zeigen musste. Nun, da die Situation im Äußeren geklärt zu sein schien, konnten alle drei in eine neue Zukunft blicken.

Mögliche Hintergrundthemen:

- Konflikte in der Partnerschaft (oft in der des Menschen)

- Nicht verstandene/ausgelebte Emotionen
- Disharmonie

Das Thema Ohren

Rusty war mit seinem Frauchen im Tierbedarf-Supermarkt Wau-Mau unterwegs. Er sollte dort sein neues Halsband bekommen. Während sein Frauchen so durch die Regalreihen schlenderte, trafen sie auf die noch sehr junge Mixhündin Mona, die ihrerseits mit ihrem Frauchen dort war. Da nicht nur die beiden Frauen sich sympathisch waren, fand ein etwas längeres Gespräch – auch zwischen den Hunden – ihren Anfang.

Mona teilte etwas bekümmert mit, dass Frauchen für sie ein Mittel zum Reinigen der Ohren kaufen wollte. Dabei fragte sie sich allen Ernstes, was damit erreicht werden sollte. Rusty, der selbst noch nie Schwierigkeiten mit seinem Gehör gehabt hatte, fragte interessiert nach. Mona berichtete, dass ihre Familie sich ständig lautstark beschwerte und behauptete, dass Mona so schrecklich unangenehm aus den Ohren rieche. Mona erzählte weiter, dass ihre Ohren so stark juckten, dass sie sich nicht selten am liebsten blutig kratzen würde. Das wüssten ihre Menschen aber zu verhindern, die würden nämlich immer schimpfen, wenn sie sich kratzte. Nicht allein, dass sie Mona nicht erlaubten, sich zu kratzen, sie schienen auch noch taub zu sein, was den wahren Grund ihrer Ohrengeschichte anging.

Rusty konnte zum Gespräch nicht wirklich etwas beitragen, da Mona in einem Redeschwall ihrem Kummer Luft machte. So erzählte Mona weiter, dass sie ihre Menschen nicht verstand. Es bereitete ihr Probleme zu verstehen, was ihre Menschen von ihr erwarteten. Deren Worte – oder besser die Stimmlagen – passten nicht zu dem, was sie mit ihren Gesten ausdrückten. Irgendwie schien es Mona so, als würden ihre Menschen und Mona eine andere Sprache sprechen. Am schlimmsten war es für Mona, wenn sie mit ihren Menschen unterwegs auf Gassi-tour war. Wenn sie auf der Wiese angekommen waren, dann durfte Mona von der Leine. Das fand Mona klasse. Sie war schon immer sehr bewegungsfreudig; und das war ihr Moment. Sie hatte so eine Freude, über die Wiese zu rennen und sich dabei so richtig auszutoben.

Doch leider dauerte es meist nicht sehr lange, bis der Spaß wieder ein Ende hatte. Wenn nämlich ein anderer Hund ins Sichtfeld von Monas Menschen kam, dann nahm das Missverständnis seinen Lauf. Es wurde über das normale Maß hinaus gepfiffen und gerufen, so dass Mona völlig irritiert war über die Art und Weise, wie man sie rief: „Mona komm her....hierher...hey, warum hörst du nicht.....sofort kommst du hierher....hier hab ich doch gesagt.....hörst du jetzt mal und kommst her, wenn ich dich rufe..... komm hierher....komm hierher...aber sofort...sofort kommst du jetzt hierher....sofort...“

Mona machte auf Rusty nun zunehmend einen verzweifelten Eindruck, als sie ihn fragte: „Kannst du mir mal sagen, wie ich damit umgehen soll und was ich tun oder nicht tun soll, wenn man auf diese Art und Weise mit mir spricht? Oder genauer gesagt mit mir schreit. Im Grunde genommen höre ich doch sehr gut. Ich verstehe, was sie sagen, aber nicht, was sie meinen. Glaubst du, sie selbst wissen das? Ich sehe als einzige Möglichkeit, einfach so zu tun, als höre ich nichts. Wenn das so weitergeht, dann wird es genau so kommen, dass ich nämlich wirklich nichts mehr hören kann...und das nur, weil meine Menschen nicht verstehen können, dass ich sie nicht verstehe.“

Rusty schien es, als habe sich Mona, nachdem sie ihrem Kummer Ausdruck verleihen konnte, etwas beruhigt. Es blieb ihnen auch nicht viel Zeit, denn die Frauchen hatten ihr Gespräch inzwischen beendet, verabschiedeten sich und jede ging mit ihrem Hundefreund an der Seite das zu erledigen, was es zu erledigen gab. So konnte Rusty Mona nur noch nachrufen, dass sie nach seiner Ansicht das einzig Richtige getan hatte: Die Ohren einfach zumachen und darauf hoffen und warten, dass der Mensch versteht.

Mögliche Hintergrundthematik:

- Hören – Gehorchen – Nicht folgsam sein wollen
- Gleichgewicht – nicht im Gleichgewicht sein
- Zu viel Druck
- Missverstehen

Das Thema Schilddrüse

Rusty döste am frühen Nachmittag im Schatten auf der Terrasse, als es an der Tür klingelte. Hatte er doch glatt vergessen, dass Besuch angekündigt war. Also schnell aufstehen und nachschauen, wer da gekommen war. Frauchen war schneller und hatte die Tür bereits geöffnet, als Rusty um die Ecke kam. Es war Frauchens Kollegin Helene, die gekommen war. Uih, Helene hatte Pauline mitgebracht, eine schon etwas ältere Hundedame. Rusty hatte Pauline schon ewig nicht gesehen und erschrak, als er sie nun sah. Sie hatte nicht nur einiges an Pfunden zugelegt, darüber hinaus war ihr Fell dünn geworden. Die dünnen Fusseln, die ihr geblieben waren, standen in alle möglichen Richtungen ab.

Oh je, Pauline sah aus, als hätte sie in eine Steckdose gefasst. Sorry, er wollte sie nicht beleidigen, aber sie sah wirklich sehr gewöhnungsbedürftig aus. Er dachte es und schämte sich sogleich, als sich ihre Blicke trafen. Paulines Augen schienen hinter einem Schleier zu verschwinden, und dabei sah sie sehr traurig und unglücklich aus. Er begrüßte Pauline freundlich und bat sie, mit ihm in den Garten zu kommen. Pauline folgte Rusty sehr langsam und behäbig. Er war sich nicht sicher, ob sie insgesamt so langsam und träge geworden war oder ob sie einfach unter ihrem zu hohen Gewicht zu leiden hatte. Ausgelassen durch den Garten zu toben, das würde heute wohl nichts werden. Also legte sich Rusty auf die Wiese, und Pauline tat es ihm gleich.

Rusty fragte Pauline direkt, was denn mit ihr los sei, so würde er sie ja gar nicht kennen und was mit der einst so quirligen Pauline geschehen sei. Pauline schnaufte tief und stöhnte. Sie meinte, es ging ihr schon besser als noch ein paar Wochen zuvor. Da habe sie sich obendrein noch richtig schlecht gefühlt. Seit sie bei einem neuen Tierarzt in Behandlung sei, hätte sich ihr Zustand schon erheblich gebessert. Der Tierarzt habe sie nur einmal gesehen und sofort gesagt, dass er unbedingt eine spezielle Blutuntersuchung machen müsse, um ihrem Leiden auf die Spur zu kommen. Bei der Blutuntersuchung stellte man fest, dass mit Paulines Schilddrüse irgendetwas nicht in Ordnung war. Wenn Pauline es richtig verstanden hatte – und da musste sie sich echt anstrengen, denn sie hatte das Gefühl, auch langsamer denken zu können – dann produzierte die Schilddrüse irgendwelche Hormone. Und Paulines Schilddrüse hatte anscheinend den Dienst quittiert, ihre produzierte nämlich nur noch verschwindend geringe Mengen der Hormone. Na toll, denn genau diese Hormone waren es, die immens wichtig waren und für einen ausgeglichenen Stoffwechsel sorgten.

Damit war nicht nur die Ursache für Paulines Gewichtszunahme gefunden, auch ihr schlechtes Allgemeinbefinden konnte damit in Zusammenhang gebracht werden. Pauline war heilfroh, dass der Tierarzt das Problem entdeckt hatte. Er verordnete Tabletten, die Pauline nun seit zehn Tagen bekam, und tatsächlich stellte sie fest, dass sie sich mit den Medikamenten schon etwas besser fühlte als vorher. Das Gewicht würde sich nun auch wieder auf das normale Maß einpendeln, so hatte es der Tierarzt versprochen, und auch Paulines äußeres Erscheinungsbild könnte sich wieder verbessern. Er wüsste nur nicht, wie lange es dauern würde, bis alles wieder völlig in Ordnung sei. Sie sollten einfach nur etwas Geduld haben. Hier wurde Pauline dann etwas lauter: „Prima, einfach Geduld hat man ja ganz leicht und besonders dann, wenn man aussieht wie ein entarteter Wischmopp kurz vor der Explosion." Rusty musste laut lachen, denn mit diesem Ausspruch erkannte er die gute alte Pauline wieder und war sicher, dass sie irgendwann auch äußerlich wieder die Alte werden würde. Rusty und Pauline unterhielten sich noch über dies und das, bis Pauline gehen musste. Rusty wünschte ihr Glück und versicherte ihr, er würde sich sehr freuen, wenn sie ihn wieder einmal besuchen kam.

Als Pauline fort war, legte sich Rusty wieder auf seinen Platz auf der Terrasse, wo er vor Ihrem Kommen so schön vor sich hingedöst hatte. Er wollte die Augen schon schließen, doch Pauline ging ihm nicht aus dem Sinn. Was war da passiert, dass sich Pauline so auffallend verändert hatte und es ihr dabei auch noch schlecht ging?

Rusty fand keine Erklärung, mit der er sich hätte zufrieden geben können, und schlief dann ein, jedoch mit einer nachdenklichen Stirnfalte.

Später am Abend, als Herrchen und Frauchen zusammen saßen und über die Ereignisse des Tages sprachen, erzählte Frauchen auch von Helenes Besuch. Rusty spitzte die Ohren, denn sie berichtete, dass Helene auf der Arbeit nicht zufrieden war. Es gab da zwei Kollegen, die jede Gelegenheit nutzten, um Helene zu kränken. Über die Zeit war Helene nur noch traurig und frustriert, weil sie diesen Kollegen ausgesetzt war und sich nicht zu wehren wusste. Unter dieser schwierigen Situation litt Helenes Selbstbewusstsein massiv. Sie traute sich immer weniger zu, und zu allem Überfluss passierten ihr ständig Fehler. Inzwischen war sie so weit, dass sie beschlossen hatte, diese Stelle aufzugeben. Dies wollte sie Rustys Frauchen an diesem Nachmittag direkt mitteilen, damit sie es nicht von Dritten erfahren musste. Helene würde dann in Absprache mit ihrem Mann erst einmal zu Hause bleiben und sich später in Ruhe nach einem neuen Job umsehen. Helene fühlte sich mit dieser Entscheidung absolut wohl und freute sich schon auf ihr neues Leben.

Rusty verstand plötzlich: Bestimmt ist Pauline krank geworden, weil es Helene so schlecht ging. Helenes Alltag war vermutlich nur noch vom Frust in der Arbeit geprägt. Sie war traurig, fühlte sich schlecht und verlor darüber jegliches Selbstbewusstsein.

Dadurch wurde sie in allem, was sie tat, zunehmend unsicherer. Rusty freute sich über diese Erkenntnis und war sich sicher, dass Pauline, wenn er sie beim nächsten Mal treffen würde, der lebensfrohen Pauline mehr ähneln würde, als der von heute Nachmittag. Dieser Gedanke war sehr beruhigend, und darüber konnte Rusty entspannt einschlummern.

Mögliche Hintergrundthematik:

- Fühlt sich verletzt, unfrei, kontrolliert und eingeengt
- Mangelndes Selbstbewusstsein
- Emotionen und Gedanken sind gegensätzlich

Das Thema Zähne / Zahnfleisch

An einem schönen warmen Sommertag, gerade als Emma konzentriert vor einem Mauseloch saß und sich schon auf eine leckere warme Mahlzeit freute, fiel ihr ein, was ihre Katzenfreundin Pearl, ihres Zeichens eine sensible, aber dennoch robuste Perserkatzendame, vor wenigen Tagen berichtet hatte.

Pearl erzählte ihr, dass ihr Mensch für sie einen Termin beim Tierarzt vereinbart hatte, bei dem er etwas mit ihren Zähnen machen würde. Sie wusste nicht so recht, was sie davon halten sollte, und machte sich Sorgen. Wörtlich sagte Pearl:

„Mein Mensch kann mich momentan offenbar nicht riechen. Er stört sich an dem Geruch, der aus meinem Mund kommt, und ist der Meinung, dass Handlungsbedarf besteht. Ich will ihn gewiss nicht beleidigen, liebe ich ihn doch so, wie er ist, aber auch er riecht für meine Katzennase nicht immer unbedingt himmlisch. Doch das nur am Rande. Wenn mich mal jemand fragen würde, dem würde ich sagen, dass ich eigentlich nur etwas Richtiges zum Beißen brauche, damit meine Zähne Biss und Kraft bekommen. So gerne hätte ich mal was Ordentliches zwischen den Zähnen!

Leider finde ich in meinem Napf meistens einen merkwürdig aussehenden, wenn auch lecker riechenden Brei. Dabei bin ich doch schon lange kein Baby mehr, sondern ein Fleisch fressendes Raubtier. Mit ordentlich was zum Beißen hätten meine Zähne endlich ihre Daseinsberechtigung, und ich könnte sie auch einmal dem frechen Nachbar-Kater zeigen. Aber so, wie es um meine „Beißkraft" bestellt ist, reiße ich meinen Mund lieber nicht so weit auf. Eindruck schinden kann ich damit nämlich nicht. Dabei wäre es bitter nötig, diesem ungehobelten Kater mal die Meinung zu sagen.

Bei meinem Menschen ist es ähnlich. Der hält sich auch lieber zurück, obwohl er nicht selten in Situationen steckt, wo ich der Ansicht bin, dass es besser wäre, wenn er anderen unverblümt die Meinung sagen würde. Ob ihm auch der Biss fehlt? Wenn ich heimlich in den Spiegel schaue, dann sehe ich, dass ein Großteil meiner Zähne gar nicht mehr deutlich zu erkennen ist. Sie verstecken sich hinter einer dicken Schicht, die hart wie Stein ist. Es scheint fast so, als würden sie sich schämen. Diese Schicht, die auf meinen Zähnen liegt, wird von den Menschen Zahnstein genannt. Vielleicht weil sie so hart ist? Wenn ich es richtig verstanden habe, dann soll es diesem Zahnstein nun an den Kragen gehen. Oh je, dabei weiß ich doch, dass das, was darunter liegt, auch nicht mehr zum Besten ist. Drück mir die Daumen, dass ich meine Zähne behalten darf, denn ich wäre nur sehr ungern ein „zahnloser Tiger". Mit meinen Zähnen würde ich auch ein wenig meiner Würde, meiner Kraft und meines Stolzes verlieren. Von meinem Selbstvertrauen ganz zu schweigen.

Ich kenne das Gefühl eines fehlenden Selbstwertes nur zu gut von meinem Menschen, der sich oft so vieles nicht zutraut. Natürlich weiß ich, dass meine Zähne in Ordnung sein müssen, schon wegen der unangenehmen Folgen, die daraus entstehen können. Was sein muss, muss nun einmal sein. Aber geht es denn nicht auch anders? Wäre es nicht sinnvoller vorzubeugen, statt dann, wenn der Schaden entstanden ist, mit großem Aufwand einzugreifen? Wozu haben wir Katzen denn so ein schönes und starkes Raubtiergebiss, wenn wir es nicht benutzen sollen? Das zu tun, wäre doch viel wichtiger für mich und mein Wohlbefinden, als wenn nur an der Oberfläche gekratzt wird – im wahrsten Sinne des Wortes. Aber das mit der schönen Oberfläche, ohne das darunter anzusehen und zu verstehen, ist bei den Menschen ja nichts Neues…

Wisst ihr, wenn meine Zähne so richtig zupacken dürften, das würde ihnen – und somit auch mir – den entsprechenden Halt geben. Damit ist es nämlich auch noch so eine Sache. Mein Zahnfleisch hat sich regelrecht an der ganzen Problematik entzündet. Das tut echt weh! Körperlich wie seelisch. Wie soll ich denn meine Zähne behalten, wenn ihnen der sichere Rückhalt fehlt? Ich kann aber auch verstehen, dass mein Zahnfleisch „stinkig" ist, wo es doch offensichtlich nicht gebraucht wird. Es ist ein wahrer Teufelskreis. Weil die Zähne nichts zu beißen haben, quasi arbeitslos sind, ist das Zahnfleisch gereizt; und weil das Zahnfleisch gereizt ist, kann ich nichts beißen. Mensch, tue etwas! Aber etwas, das für alle Beteiligten sinnvoll ist. Ich wünsche mir für uns beide Halt und Sicherheit – und das bitte nicht nur im Mund."

Nach diesem Gespräch war Pearl sehr niedergeschlagen und auch ein wenig traurig.

Emma jedoch hatte einen guten Tag. Während sie über Pearls Geschichte sinnierte, verließ die Maus unvorsichtigerweise ihr Loch, und Emma gelang ein guter Fang. So kam sie zu einer idealen Katzenmahlzeit und konnte ihre Zähne optimal einsetzen.

Mögliche Hintergrundthemen:

*   Mangelndes Selbstvertrauen
*   Haltlosigkeit
*   Wehrlosigkeit
*   Ungesunder Umgang mit Aggressionen

Zusammenfassung der Lernaufgaben im Umgang mit Krankheiten:

- Sehen Sie eine Krankheit oder ein Symptom nicht nur rein medizinisch, sondern versuchen Sie, auch die Symbolik dahinter zu verstehen.
- Versuchen Sie, die eventuelle Verbindung zwischen der Krankheit Ihres Tieres und Ihren eigenen Lebensthemen herzustellen.
- Schenken Sie einer Krankheit nur so viel Aufmerksamkeit wie nötig.
- Richten Sie Ihre Aufmerksamkeit in Richtung Heilung und versuchen Sie, Gedanken zu vermeiden, die sich möglicherweise negativ auswirken könnten.

Wie kann ich bewusst mit den Krankheiten meines Tieres umgehen?

Wir sind teilweise auf diese Frage schon eingegangen. Trotzdem möchten wir sie hier noch einmal zusammenfassen und gleichzeitig auch etwas tiefer schauen. Dazu führen wir einige wichtige Punkte an, die nach unserer Ansicht bedeutend sind. Sie ermöglichen es, vielleicht einen neuen Weg einzuschlagen. Einen Weg, der nicht nur dem Tier, sondern auch dem begleitenden Menschen wahre Entwicklung ermöglicht.

Was kann jeder Einzelne tun, um der Krankheit seines Tieres (und vielleicht auch seiner eigenen) auf eine neue Weise zu begegnen?

Sie sind bereit anzunehmen, dass die Krankheit Ihres Tieres eine Ursache hat, die möglicherweise nicht nur alleine mit Ihrem Tier zu tun hat, bzw. Sie sind bereit zu erkennen, dass auch Sie selbst einen Anteil an der Krankheit oder den Symptomen Ihres Tieres haben können?

Unser Vorschlag, wie Sie die dahinter stehenden Themen erkennen können, lautet:

Schreiben Sie alles auf, was die Krankheit des Tieres in Ihnen auslöst. Welche Gefühle und Ängste kommen hoch? Kennen Sie diese Gefühle? Kennen Sie diese Ängste? Was will genau jetzt gesehen werden?

Führen Sie eine Art Tagebuch, in dem Sie alles notieren, was Ihnen im Zusammenhang mit der Krankheit in den Sinn kommt. Dabei sollten Sie auch auf die Gedanken achten, von denen Sie vielleicht annehmen, dass es keinen Zusammenhang zur Krankheit gibt. Am sinnvollsten ist es, genau dort hinzuschauen, wo der größte Schmerz und die größte Angst sitzen. Wenn Sie gar kein Gefühl dazu bekommen, dann schreiben Sie sich nur diesen einen Satz auf einen Zettel, stecken Sie ihn ein und betrachten Sie ihn so oft wie möglich: *„Ich bin offen dafür, genau jetzt eine neue Sichtweise zuzulassen."*

Vielleicht ist die Bereitschaft, einzusehen, dass auch Sie einen Anteil an der Krankheit Ihres Tieres haben können, schon vorhanden. Doch falls nicht, wie können Sie versuchen, diese Bereitschaft zu erreichen?

Stellen Sie sich einen Raum vor, in dem Sie und Ihr Tier sich befinden. Keiner von Ihnen kann diesen Raum verlassen. Sie atmen die gleiche Luft, sie unterliegen den gleichen Bedingungen, und jeder ist somit auch dem ausgesetzt, was der jeweils andere ausstrahlt. Alles, was in diesem Raum ist, beeinflusst jeden, der sich in diesem Raum aufhält. Niemand kann sich den Energien, die diesen Raum ausfüllen, entziehen, es sei denn, er hätte die Möglichkeit, den Raum zu verlassen.

Der beschriebene Raum steht hier sinnbildlich für das gemeinsame Leben. Verinnerlichen Sie sich, dass es unter anderem auch *Ihre* Energie ist, die einen Teil des Raumes ausfüllt, in dem sich Ihr Tier aufhält. Diese Energie kann Ihr Tier beeinflussen. Die von Ihnen ausgehende Energie besteht aus allem, was Sie denken, fühlen und ausstrahlen. Das passiert, ohne dass man dazu etwas Außergewöhnliches tun muss. Es ist einfach so.

Dieses Beispiel soll lediglich dazu dienen, dass Sie eine Vorstellung davon bekommen, warum ein Tier etwas ausdrücken kann, obwohl es scheinbar nichts mit ihm zu tun haben muss.

- **Sie sind bereit zu verstehen, dass Krankheit ihren Beginn schon viel früher, auf einer anderen als der körperlichen Ebene, genommen hat. Sie sind bereit zu erkennen, dass ein über den Körper sichtbar gewordenes Symptom eine Möglichkeit der Seele darstellt, um aufzuzeigen, dass etwas nicht in Ordnung ist. Es kann auch als Hilferuf verstanden werden. Die Seele sendet Signale, um eine neue, bessere Ordnung zu ermöglichen.**

Hier hilft die Vorstellung von einem Gewitter, das entsteht, sobald die Wetterverhältnisse aus der Ordnung geraten sind. Es entsteht nicht aus sich selbst heraus, sondern benötigt bestimmte Bedingungen. Wer genau beobachtet, kann die Vorboten des Gewitters frühzeitig erkennen. Ist das Gewitter erst einmal da, kann es zerstörerisch sein, wird dabei aber auch reinigen. Es kann lange auf sich warten lassen, und es kann sehr schnell und mit großer Gewalt hereinbrechen. Gleich einer Krankheit, die entweder viele Jahre benötigt, bis sie sich zeigt, die aber manches Mal auch scheinbar über Nacht entsteht.

Wie immer das Gewitter kommt, es kommt niemals ohne Grund, sondern immer dann, wenn die (Wetter)Verhältnisse aus dem Gleichgewicht geraten sind. Üblicherweise beginnt das Gewitter harmlos, die klassischen Vorboten lassen noch nichts Schlimmes ahnen. Den Anfang macht erst einmal ein blauer Himmel. Alles scheint noch in Ordnung zu sein. Dann kann man einzelne kleine Wolkenfetzen am Himmel erkennen, vergleichbar mit ersten leichten Symptomen einer Krankheit. Immer noch kann der Eindruck herrschen, als wäre vermeintlich alles bestens. Aus diesen ersten kleineren Wölkchen entwickeln sich dann Kumuluswolken, die auch als Schäfchen- oder Schönwetterwolken bekannt sind. Ist die Wetterlage stabil, bleibt es bei den Schäfchenwolken, und es kann – wettermäßig – ein schöner

Tag werden. Ist die Luftschicht in der Höhe jedoch instabil, entsteht eine Überreaktion. Die Wolken werden übermächtig, und die aufgebaute Energie entlädt sich explosionsartig.

Der einzige Unterschied zwischen einem Gewitter und einer Krankheit ist der, dass ein Gewitter von Menschenhand nicht verhindert werden kann. Es erfüllt jedoch, genau wie eine Krankheit, einen Zweck. Wie bei einer Krankheit, haften auch dem Gewitter viele angstvolle Gefühle an. Das Gewitter an und für sich ist nichts Schlechtes. Man sollte ihm aber mit Respekt und Demut begegnen und gut vorbereitet sein. Hat man entsprechende Vorkehrungen getroffen und hält sich an gewisse Regeln, kann man ein Gewitter als das betrachten, was es ist. Ein Versuch der Natur, die Dinge wieder ins Lot zu bringen.

- **Sie erkennen, dass jedes Lebewesen – egal ob Mensch oder Tier – absolut individuell ist und es möglicherweise keine einfachen, leicht erreichbaren und allgemeingültigen Lösungen geben wird. Vor allem dann, wenn sich Krankheiten zeigen, die im Allgemeinen eine schlechte Prognose haben.**
Schauen Sie sich hierzu in Ihrem Bekannten- und Freundeskreis um. Dabei werden Sie möglicherweise erkennen können, wie unterschiedlich der Einzelne mit Krankheit umgeht. Manchmal genügt es auch schon, sich innerhalb der Familie ein Bild zu machen. Wer setzt sich auf welche Weise mit seiner Krankheit auseinander? Wer kann mit ihr gar nicht umgehen? Vielleicht gibt es auch Menschen, die Krankheit als einen Zustand von Schwäche ablehnen und alle äußeren Maßnahmen ergreifen, die es nur gibt, um gar nicht erst krank oder schnell wieder gesund zu werden. Lassen Sie sich hier besonders von positiven Beispielen anregen. Die Lernaufgabe besteht aber nicht nur darin, genau zu beobachten und hinzuschauen, sondern auch für sich eine Erkenntnis zu gewinnen. Am wichtigsten ist dabei, dass jeder vor allem auf sich selbst schaut und lernt, mit dem umzugehen, was sich bei ihm zeigt. Es ist immer

um ein Vielfaches einfacher, gute Ratschläge an andere zu verteilen, als sich selbst ein guter Ratgeber zu sein. Dabei sollte es doch immer an erster Stelle stehen, offen und ehrlich zu sich selbst zu sein; denn jeder kann immer nur bei sich selbst eine Veränderung bewirken.

- **Sie begreifen, dass ein Individuum niemals nur aus seinem Körper, sondern auch aus Körper, Geist und Seele besteht. Wahre Heilung einer Krankheit kann nur geschehen, wenn alle Ebenen des Tieres betrachtet werden.**

Jedes Lebewesen besteht aus mehreren Ebenen: Die materielle Ebene des Körpers, in dem sich die Symptome manifestieren, die seelische Ebene, die immateriell ist und wo die meisten Krankheiten ihren Ursprung nehmen, sowie die geistig-intellektuelle Ebene, über welche die Persönlichkeit zum Ausdruck kommt. Nur das sich auf der Körperebene zeigende Symptom zu behandeln, ist eine Sache, wirkliche Heilung erreichen zu wollen, eine ganz andere! Ein Symptom zum Verschwinden zu bringen, kann zum Beispiel bedeuten, ein oder mehrere Medikamente über einen gewissen Zeitraum einzunehmen. Wahre Heilung anzustreben, bedeutet möglicherweise harte Arbeit an sich selbst! Wird lediglich das Symptom behandelt, ohne etwas an seinem Verhalten zu verändern, nur weil dies der einfachere Weg ist, hat das nicht viel mit gesund oder heil werden zu tun.

Wenn die Alarmanlage Ihres Hauses (sollten Sie keine solche haben, stellen Sie sich vor, Sie hätten eine) ausgelöst wird, kämen Sie sicher niemals auf die Idee, diese nur auszuschalten, ohne zu kontrollieren, wodurch sie ausgelöst wurde. Wenn nur das Symptom behandelt wird, ohne auf die Hintergründe zu schauen und ohne alle Ebenen zu berücksichtigen, besteht das Risiko, dass die Seele sich eine neue Form des Ausdrucks in Gestalt einer anderen Krankheit sucht. Anders ausgedrückt, wenn Sie nur die Alarmanlage ausschalten, weil Sie glauben, dass diese Maßnahme ausreichend ist, riskieren Sie, dass Ihr

Haus leer geräumt wird oder gar Schlimmeres geschieht. Der Sinn und Zweck der Alarmanlage wird so missachtet. Diese Herangehensweise bei der Behandlung von Krankheiten kann im schlimmsten Fall von Krankheit zu Krankheit führen. Dauerhafte Heilung und die möglichen Entwicklungschancen bleiben somit leider oft ungenutzt.

- **Sie versuchen – was die Behandlung des Tieres betrifft – in alle Richtungen offen zu sein und ermöglichen dem Tier auf diesem Weg die Therapie, die es annehmen und für sich positiv umsetzen kann. Denn wodurch wirkliche Heilung geschieht, ist nicht wichtig, wichtig ist vor allem, dass sie geschieht.**

Die meisten von uns haben bestimmte Vorstellungen und eigene Erfahrungen mit bestimmten Therapien und Behandlungen gemacht. Woher soll man nun wissen, was davon gut ist für das Tier und was nicht? Gibt es eventuell etwas, das besser wäre als das, was wir schon kennen? Unsere Erfahrung ist, dass man dem Tier erst einmal das anbieten sollte, was man selbst als positiv und hilfreich empfindet. Die eigenen guten Erfahrungen, die Sie selbst gemacht haben, können sich durchaus auch auf Ihr Tier übertragen.

Vermutlich werden Sie viele gute Ratschläge bekommen, zu Therapien, die bei anderen wahre Wunder bewirkt haben. Machen Sie sich aber bitte klar, dass das, was anderen gut getan hat, bei Ihrem Tier wirkungslos bleiben kann. Trotzdem ist es immer sinnvoll, sich über andere als die Ihnen bekannten Therapien zu informieren und hier eine neue Offenheit zuzulassen. Möglicherweise entdecken Sie dabei genau das, was Ihr Tier benötigt. Seien Sie einfach generell offen, halten Sie nichts für unmöglich und urteilen Sie vor allem nicht vorschnell. Schauen Sie immer auch darauf, was für ein Typ Ihr Tier ist. Was tut ihm gut? Was kann es zulassen? Allein das kann schon auf bestimmte Therapien hinweisen.

- **Sie sind bereit, die Möglichkeit in Betracht zu ziehen, dass Ihr Tier trotz aller angebotenen Therapien möglicherweise nicht gesund wird. „Heil werden" ist nicht immer gleichbedeutend mit „gesund werden".**

Die makellose Form des Körpers ist ein Ideal, bei dem die meisten von uns zum Scheitern verurteilt sind. Je weniger wir im Inneren ideal sind, desto mehr streben wir nach einem äußeren Ideal. Für uns wird jedoch erst umgekehrt ein Schuh daraus; und zwar ein Schuh, in dem sich wirklich gut laufen lässt. Wer will schon in Schuhen laufen, die ein makelloses Äußeres haben, jedoch unbequem sind und zu Schmerzen führen? Wirklich bequemes und festes Schuhwerk kann Halt und Sicherheit geben, ungeachtet der Tatsache, dass sie äußerlich nicht der gängigen Mode entsprechen. Gesundsein kann unter Umständen Schein bedeuten, oft nur ein schöner Schein. Sich heil zu fühlen, kann wiederum bedeuten, dass zwar körperliche Blessuren vorhanden sind, man sich aber trotzdem wohl fühlt. Deswegen fragen Sie sich im Namen Ihres Tieres gelegentlich, ob es sich wirklich wohl fühlt. Zeigt das Tier Lebensfreude, dann freuen Sie sich mit ihm. Die von Herzen kommende Freude hat schon mehr Lebensqualität und Heil gebracht, als dies die verzweifelte Suche nach Vollkommenheit vermag.

- **Sie öffnen sich der Idee, dass Heilung nicht an wissenschaftlich berechenbaren Werten gemessen werden kann und sehen sie allenfalls als einen Richtwert. Unser Maßstab ist das Befinden des Tieres. Stellen Sie sich die Fragen: Wie geht es dem Tier? Wie fühlen Sie, dass es dem Tier geht?**

Das Allgemeinbefinden sollte Beachtung finden – vor allem anderen. Dies bedeutet aber nicht, die vorhandenen Zeichen nicht sehen zu wollen. Vermutlich müssen diese nur eine andere Bewertung erhalten. Es gibt Tiere, die jahrelang wirklich gut mit schlechten Laborwerten leben, und es gibt Tiere, deren Laborwerte hervorragend sind, die sich aber trotzdem in keinem guten Zustand befinden! Der Wunsch, Lebewesen in Maßstäbe einzuteilen, ist nur ein weiterer Versuch, die Kontrolle über Gesundheit und Krankheit zu erlangen. Doch ist dies nur bedingt möglich. Wohlbefinden lässt sich nicht an einer Tabelle festmachen. Wohlbefinden kommt aus dem Herzen eines jeden selbst!

Seien Sie sich bei allem, was Sie für Ihr Tier tun, immer darüber im Klaren, dass Sie einen ganz eigenen Weg finden dürfen. Einen, der zu Ihnen und Ihrem Tier passt. Ungeachtet der Meinung, die andere vielleicht äußern mögen.

Lesen Sie im Folgenden, zu welchen Erkenntnissen ein Tier seinen Menschen führen kann:

Charlotta ist eine aufgeweckte und fröhliche Hündin und lebt in einer Familie mit mehreren Kindern. Zunächst machten sich Charlottas Menschen keine Sorgen, als sich bei ihr körperliche Symptome zeigten. Später stellten Sie Charlotta dann aber doch beim Tierarzt vor, um zu erfahren, ob etwas unternommen werden musste. Der Tierarzt untersuchte Charlotta und verordnete Medikamente. Aufgrund der Laborbefunde teilte er einige Tage später mit, dass kein Grund zur Besorgnis bestünde. Darüber hinaus zeigte seine Therapie raschen Erfolg – und alle waren zufrieden.

Einige Monate später trat die gleiche Symptomatik allerdings erneut auf. Auch wenn der Tierarzt seinerzeit der Ansicht war, dass Charlottas Menschen sich keine Sorgen machen müssten, war der erneute Krankheitsausbruch für sie Grund genug, sich jetzt etwas intensiver mit den Symptomen und dem möglichen Thema zu beschäftigen. Das lag auch daran, weil sie bei entfernten Verwandten Jahre zuvor erlebt hatten, dass deren Pudel schwer herzkrank wurde und an Diabetes erkrankte. Nachdem er gestorben war, wurden seine Menschen auch herz- und zuckerkrank.

Der Einstieg in Charlottas Behandlung erfolgte mit einer Systemischen Aufstellung. In dieser Aufstellung gelang es, zu den gezeigten Symptomen und darüber hinaus sogar auch zum Hintergrund einiges aufzuzeigen. Charlotta ist in der glücklichen Lage, dass ihre Menschen offen und bereit waren und sind, an der aufgezeigten Thematik weiterzuarbeiten. Über diese Arbeit an sich selbst konnten schon lange vorhandene, bis dahin jedoch unbeachtete Themen angesehen werden, die in erster Linie nicht mit Charlotta, sondern mit ihren Menschen zu tun haben. Der Offenheit ihrer Menschen ist es zu verdanken, dass Charlotta so in ihrem ganzen Wesen geachtet und ernst genommen wird. Darüber hinaus nutzen ihre Menschen mit der Arbeit an den aufgezeigten Themen eine sich ihnen bietende Chance zur Weiterentwicklung.

Der fünfte neue Wegabschnitt –
Hilfen bei der Heilwerdung

Nicht alleine im Zusammenleben mit dem Tier wünschen wir uns, dass auf den individuellen Charakter des Tieres und seine Möglichkeiten eingegangen wird. Auch und gerade bei der Behandlung eines Tieres sollte seine Individualität Beachtung finden. Bei Menschen ist es ganz normal, dass sie sich zu bestimmten Therapieformen mehr hingezogen fühlen als zu anderen. Das gilt ebenso für Tiere. Auch hier gibt es Vorlieben und Abneigungen, die nicht zuletzt mit der jeweiligen Persönlichkeit des Tieres in Verbindung stehen.

So kann es sein, dass bei einem Hund die Homöopathie hervorragend wirkt, bei einem anderen aber scheinbar gar nicht. Dies spricht weder gegen die Homöopathie noch gegen den Hund, es bedeutet lediglich, dass dieser Hund in diesem Moment vermutlich etwas anderes benötigt. Sie sollten offen dafür sein zu erkennen, dass alles gut sein kann, oder eben auch nicht. Jede der vielen angebotenen Therapieformen hat ihre Daseinsberechtigung. Jedoch glauben wir, dass die Therapie für ein Tier sehr viel positiver wirken kann, wenn sie einerseits zum Tier passt und darüber hinaus zur gesamten Symptomatik. Ein krankes Tier sollte dabei nicht nur auf allen Ebenen gesehen, sondern auch auf allen Ebenen behandelt werden. Es wird wenig nützen, wenn nur das äußerlich sichtbare Symptom vom Therapeuten beachtet und behandelt, die Ursache jedoch ignoriert wird. Wirkliche Heilung kann nur geschehen, wenn alle Anteile eines Lebewesens einbezogen werden.

Genauso fatal wäre der umgekehrte Fall, wenn ein Tier erkrankt ist und man *nur* auf die Ursache schaut, die speziellen Symptome jedoch keine Beachtung finden.

Jeder von uns darf, soll und muss für sein persönliches Wohlbefinden und seine Gesundheit und selbstverständlich auch für die
seiner Tiere sorgen; und zwar auf die Art und Weise, die jedem
wohl tut und bei der sich jeder wohl fühlt. Günstig ist es, wenn
Arzt/Therapeut und Patient auf einer partnerschaftlichen Ebene
zusammenarbeiten. Die Zeiten, in denen der Arzt/Therapeut auf
den Patienten herabschaute, sollten inzwischen vorbei sein. Der
mündige Patient, beziehungsweise der Patient, der offen ist für
das, was sich ihm bietet, gleichzeitig aber auch auf sich schaut
und auf das Gefühl in sich hört, kann am meisten profitieren. Ideal wäre es, wenn Therapeuten ein gemeinsames Miteinander zum
Wohle des Tieres erreichen würden. Keiner sollte glauben, dass
seine Therapie die einzig richtige ist oder gar diejenigen verurteilen, die anders arbeiten. Wir gehen davon aus, dass jeder, der
ernst- und gewissenhaft arbeitet und in erster Linie das Wohl seines Patienten im Auge hat, diesem Patienten auch etwas zu geben
hat, das ihm gut tut. Wer – auch therapeutisch gesehen – nur in
eine einzige Richtung blickt, der kann niemals das Ganze sehen.

Wir möchten im Folgenden einige Therapien in Form von frei er-
fundenen kurzen Geschichten beschreiben. Hierbei versuchen wir
zu berücksichtigen, was die jeweilige Therapie aus der Sicht eines
Tieres bedeuten kann.

Bitte beachten Sie dabei, dass diese Geschichten nur als Anhaltspunkt dienen sollen.

Akupunktur

*Mit der Akupunktur werden an bestimmten Punkten des Körpers
mit Nadeln Reize gesetzt. Durch die Stimulation der Energiepunk-
te und Energiebahnen soll der gestörte Energiefluss wiederhergestellt werden, damit die Energie erneut harmonisch und ungehin-
dert fließen kann.*

Remember, eine offene und freundliche Friesenstute, die unter wechselnden Lahmheiten leidet, beschreibt die Akupunktur-Behandlung, die eingesetzt wurde, nachdem viele andere Therapien nicht angeschlagen hatten, wie folgt:

„Ich mag es, wenn man sich intensiv mit mir befasst. Die Tierärztin, die zu mir kommt und mich mit den Nadeln piekt, sieht mich anders, als andere das tun. Dabei gefällt mir sehr, dass sowohl mein Körper als auch die nicht sichtbare Energie, die in mir fließt, beachtet werden. Zudem versteht es diese Ärztin, ganz besonders auf mich einzugehen. Sie nimmt sich viel Zeit und sieht *mich*. Jedes Mal, wenn sie da ist, ist es anders, aber immer hat sie ausreichend Zeit für mich und versucht, das zu sehen, was genau in diesem Moment wichtig ist. Die Nadeln, die sie mir dann an verschiedenen Stellen in die Haut schiebt, die spüre ich oftmals gar nicht. Manchmal aber schon. Doch ich bin nicht wehleidig, und so empfinde ich das nicht als schlimm. Im Gegenteil, mir tut es sogar richtig gut, dass ich meinen Körper dabei fühlen kann. Dadurch kann ich spüren, dass wirklich etwas geschieht, sowohl körperlich als auch energetisch. Oft kann ich mich unter den Nadeln richtig gut entspannen, was wichtig ist, denn die Nadeln müssen eine ganze Weile drin bleiben, damit sie ihre Wirkung entfalten. Die Nadeln werden keinesfalls bei jeder Anwendung an die gleiche Stelle gesetzt, sondern oftmals auch an ganz andere Stellen, die vermeintlich gar nichts mit dem vorhandenen Symptom zu tun haben. Dass das so nicht stimmt, weiß ich mittlerweile, denn alles ist mit allem in Verbindung, auch innerhalb des Körpers.

Schon nach der ersten Behandlung spürte ich, dass ich viel besser und leichter laufen konnte als noch zuvor. Mein Frauchen konnte das auch sehen, und nun kommt die Frau mit den Nadeln regelmäßig. Das finde ich echt gut und freue mich schon, wenn sie mich morgen wieder besucht."

Schulmedizin

Unter Schulmedizin versteht man die an Universitäten vermittelte Lehre von der wissenschaftlichen Medizin, bei der in der Hauptsache chemisch-pharmazeutische Medikamente zum Einsatz kommen. Eine schulmedizinische Behandlung orientiert sich in erster Linie an wissenschaftlichen Werten und Grundlagen.

Harmony, eine sehr ruhige und genügsame Katzendame mittleren Alters, beschreibt aus ihrer Sicht die schulmedizinische Behandlung ihres Diabetes:

„Ich bin eher still und leise und kann nicht sagen, dass es mir gefällt, wenn es hektisch und laut wird. Darum bekomme ich immer den ersten möglichen Termin bei meinem Tierarzt. Dann ist noch niemand in der Praxis, und vor allem muss man nicht so viel Zeit mit anderen im Wartezimmer zusammen verbringen.

Ich muss zur Kontrolle meiner Zuckerwerte in regelmäßigen Abständen zum Arzt. Er überprüft dabei, ob die tägliche Insulingabe, die mir meine Menschen verabreichen, noch in Ordnung ist. Dabei schaut er auch nach meinem Allgemeinbefinden und bespricht mit meinen Menschen die weitere Vorgehensweise. Alle Medikamente, die ich benötige, bekommen Sie in der Praxis.

Wenn, wie gesagt, der Stress für mich im Wartezimmer umgangen werden kann, dann ist die Untersuchung gar nicht schlimm. Im Gegenteil, ich mag meinen Tierarzt. Er ist ein freundlicher Herr, dessen angenehme Stimme eine sehr beruhigende Wirkung auf mich hat. Schon bei meinem ersten Besuch hat er sich sehr um mich bemüht und meine Menschen gefragt, was ich mag und was ich überhaupt nicht leiden kann. Innerhalb der letzten Jahre hat er mich noch besser kennengelernt, so weiß er genau, wie er mit mir umgehen muss, damit ich mich wohlfühle.

Auch meine Menschen haben großes Vertrauen in diesen Tierarzt, und so konnte im Laufe der Jahre eine gute Zusammenarbeit entstehen, wo jeder den anderen respektiert – und ich komme dabei auch nicht zu kurz. Außerdem gibt es da noch etwas, das ich ganz besonders mag, nämlich so eine leckere Paste. Nach der Untersuchung holt er diese Tube aus einer Schublade, und ich bekomme dann einen Klecks davon zum Ablecken angeboten. Ich kann euch sagen, die schmeckt vielleicht lecker. Dafür lasse ich einiges über mich ergehen. Aber bisher hatte ich echt Glück. Keine Behandlung war für mich wirklich unangenehm. So freue ich mich schon wieder auf meinen nächsten Besuch in der Tierarztpraxis und noch mehr über die Belohnung."

Pflanzen- oder Kräuterheilkunde – Phytotherapie

Bereits vor Jahrtausenden hatten Pflanzen in Bezug auf Gesundheit und Wohlbefinden eine sehr wichtige Funktion. Bis vor wenigen Jahrzehnten wurden viele Krankheiten und Symptome mit Pflanzen behandelt. Dieses alte Wissen wird heute zunehmend wieder neu entdeckt.

Die Behandlung mit Kräutern beschreibt uns *Wonder*, eine kleine braune Ponystute, die gelegentlich unter Bronchitis leidet:

„Mein Husten nervt mich manchmal ganz schön. Schlimmer wird es meistens, wenn es draußen kälter wird. Noch schlimmer, wenn es dann auch noch nass ist. Dieses Wetter bekommt mir gar nicht gut. Die feuchte Kälte geht mir durch und durch. Am liebsten möchte ich dann im Stall bleiben, denn da ist es um einiges wärmer. Nicht so schön ist dabei, dass die Luft im Stall nicht die beste ist. Staub lässt sich kaum verhindern, tut mir aber wirklich nicht gut. Was mir in der Vorbereitung auf den Winter gut hilft, das ist eine Kräutermischung, die ich unter mein Futter bekomme. Den Tipp hat mein Herrchen von einer Frau bekommen. Also wenn ich ehrlich bin, dann hat er gesagt, sie sei eine „Kräuterhexe", das hat er aber sehr freundlich gesagt und lieb gemeint. Mein Futter schmeckt mit den Kräutern ganz anders, eigentlich viel besser.

Da ich sehr gerne gut und reichlich esse – was ich eigentlich nicht soll – und Kräuter sowieso zu meiner natürlichen Ernährung gehören, sagt mir diese Art der Behandlung sehr zu. Ich habe das Gefühl, dass ich durch die Kräuter viel stabiler bin und nicht mehr so oft Husten bekomme. Aber sollte er doch mal wieder erscheinen, hat mein Herrchen nach langem Ausprobieren etwas gefunden, was mir dann Erleichterung verschafft. Wenn er mit dem roten Eimer, aus dem es so schön dampft, in meine Box kommt, freue ich mich richtig. Den Eimer hält er mir unter die Nase, damit ich den Dampf einatmen kann. Herrchen sagt, es sei nur warmes Wasser, in das er ein paar Tröpfchen Öl gibt. Kaum zu glauben, dass etwas so Einfaches so gut sein kann. Dabei ist es bestimmt nicht alleine das Öl, das mir hilft, besser durchzuatmen. Ich genieße es sehr, dass mein Herrchen sich so viel Zeit für mich nimmt. Fast möchte ich sagen, dass mein Husten auch durch die besondere Zuwendung besser wird."

Physikalische Therapie

Die physikalische Behandlung bei Tieren entwickelte sich aus dem Bereich der Behandlung von Menschen. Die Anwendungen reichen von manueller Therapie, Krankengymnastik über Massage, Kälte- oder Wärmeanwendungen bis hin zu Bädern.

SPARKY, ein gut gebauter Berner Sennenhund, der sich in der Gesellschaft von Mensch und Tier schon immer besonders wohl fühlt, beschreibt uns die Therapie, die auf Berührung setzt:

„Ich kann euch etwas erzählen, ganz besonders von meinen Gelenken kann ich euch etwas erzählen. Da habe ich wirklich schon einiges durchmachen müssen. Seit einer Verletzung meines linken Kniegelenks habe ich Beschwerden. Das musste seinerzeit operiert werden. Die Operation an sich war nicht schlimm. Nur danach hatte ich lange noch Schmerzen und konnte nur schwer laufen. Nicht nur das Knie, sondern das gesamte linke Bein bereitete mir solche Schmerzen, dass ich mich total verkrampft habe, wenn ich gelaufen bin. Manchmal war es so schlimm, dass ich meinte, mein ganzer Körper würde wehtun. Die Ärzte in der Klinik konnten mir damals aber auch nicht mehr helfen. So suchten meine Menschen Rat bei einer Therapeutin, die sich auf die Behandlung von Erkrankungen am Bewegungsapparat spezialisiert hatte.

Dass ich zu ihr kam, war im wahrsten Sinne des Wortes ein reiner Glücksgriff. Schon unser erster Besuch bei ihr war ein tolles Erlebnis für mich. Unter ihren Handgriffen konnte ich mich total entspannen. Nicht nur einmal bin ich bei ihrer Behandlung sogar eingeschlafen. Nur einige Termine waren nötig, bis ich wieder relativ entspannt laufen konnte. Vermutlich wird es nicht mehr werden wie früher, als ich noch jünger war. Wenn es aber wenigstens so bleiben könnte, wie es jetzt ist, dann bin ich sehr zufrieden. Ab und zu bekomme ich noch eine Behandlung in der Praxis, noch öfter zu Hause durch mein Frauchen, der die Therapeutin einige einfach anzuwendende Übungen gezeigt hat. Ich genieße die körperliche Berührung sehr und merke, dass sie mir immer wieder gut tut."

Mineralsalze – Schüssler Salze

Die Therapie mit Mineralsalzen unterstützt sowohl den funktionierenden Informationsfluss innerhalb der Zelle als auch den in der Substanz zwischen den Zellen. Nur das Funktionieren des Systems aus beiden gewährleistet eine wirksame Übermittlung von Informationen auf der Körperebene und wirkt damit auch positiv auf den Gesamtorganismus.

Luise beschreibt uns aus ihrer Sicht die Therapie mit Schüssler-Salzen. *Luise* ist ein 3-jähriges fröhliches und aufgewecktes Terrier-Mädchen:

„Ich liebe das Leben und kann gar nicht genug davon bekommen. Dabei bin ich ein reines Energiebündel. Kein Spaziergang, kein Spiel kann so lange sein, dass ich dabei müde werde. Ich brauche Beschäftigung und Bewegung, sonst bekomme ich schlechte Laune. Mit schlechter Laune kann ich mich selbst nicht leiden. Kann sein, dass ich dabei für meine Menschen ganz schön anstrengend bin, aber was soll ich tun? Ich bin eben so, oder besser gesagt war ich so. Ich finde nämlich, dass ich in den letzten Monaten etwas ruhiger geworden bin.

Irgendwann hat es meinen Menschen gereicht. Sie dachten wohl, dass ich krank bin. Sie meinten, ich sei so etwas wie hyperaktiv. Ich erinnerte sie in meinem Verhalten nämlich an ihren kleinen Sohn Max. Der ist nämlich hyperaktiv und bekommt vom Heilpraktiker ganz bestimmte Mittel. Damit ist er auch tatsächlich ruhiger geworden, und da dachten meine Menschen, was bei Max hilft, kann bei Luise bestimmt nicht schaden. Sie haben daraufhin beim Tierheilpraktiker nachgefragt und die Bestätigung erhalten, dass sie mir das gleiche Mittel geben können. Das sind weiße Tabletten, die komischerweise Salze genannt werden, obwohl sie gar nicht salzig, sondern vielmehr süß schmecken. Ich bekomme sie aber nicht im Ganzen. Sie werden in etwas Wasser aufgelöst, und ich nehme den Schluck gleich vom Löffel. Das schmeckt richtig gut.

Auch wenn ich selbst gar nicht bemerkt habe, dass mit mir etwas nicht in Ordnung war, muss ich zugeben, dass ich schon nach ein paar Tagen viel entspannter wurde. Mir fiel auf, dass ich nicht mehr so aufgedreht war. Ich habe mich dabei ertappt, dass ich mittags nach dem Spaziergang auch schon mal einen kurzen Mittagsschlaf gemacht habe. Außerdem bin ich nicht mehr den ganzen Tag auf der Suche nach jemandem, der etwas mit mir unternimmt und mich beschäftigt. Ich muss sagen, dass ich mich jetzt viel besser fühle;

und das, obwohl ich mich in meiner hektischen Phase bisher gar nicht schlecht gefühlt habe. Ich sehe es so, dass ich mit dem Zuviel an Energie so beschäftigt war, dass ich gar nicht zur Ruhe kommen konnte. Dank der Tabletten fühle ich mich ruhiger, ohne dabei jedoch etwas von meiner Fröhlichkeit eingebüßt zu haben."

Homöopathie

Homöopathie bedeutet sinngemäß: Ähnliches mit Ähnlichem zu behandeln. Die homöopathische Betrachtungsweise ist daher sehr wichtig. Sie schließt zunächst alle krankhaften Veränderungen und darüber hinaus die zusammen mit der Erkrankung auftretenden Begleitumstände mit ein.

Kater *Orlando* beschreibt uns im Folgenden aus seiner Sicht die Wirkungsweise einer homöopathischen Behandlung:

„Ich bin inzwischen fünfzehn Jahre alt und kann von mir sagen, dass ich schon viel erlebt habe. Einige Schicksalsschläge musste ich in meinem Leben bereits hinnehmen, und auch so manche Krankheit habe ich durchgemacht. Einige davon sind nicht wieder verschwunden. Sehr viele Ärzte und Therapeuten haben sich an mir versucht, meistens jedoch nur mit sehr mäßigem Erfolg. Manchmal gelang es mir überhaupt nicht, mich auf eine Therapie oder den Menschen einzulassen, der sie anzuwenden versuchte. Erst meine Menschen, mit denen ich jetzt lebe, haben mir da helfen können. Sie kannten natürlich meine Geschichte. Die Leute im Tierheim hatten sie pflichtbewusst über meinen Zustand informiert. Eine glückliche Fügung für mich, dass meine Menschen sich von meiner Vorgeschichte und meinem Zustand nicht abschrecken ließen und mich trotzdem mitnahmen.

Nachdem sie mich aus dem Tierheim nach Hause geholt hatten, haben sie direkt einen Termin mit einer Tierheilpraktikerin vereinbart. Da ich schon in Panik gerate, wenn ich nur daran denke, in eine Transportbox einsteigen zu müssen, war ich sehr erfreut, dass die zu uns nach Hause kam. Sofort, als ich sie sah, war mir klar, dass sie mir würde helfen können. Sie hat mich nicht bedrängt und nichts von mir verlangt, was ich nicht geben konnte. Meistens hat sie mich nur beobachtet und dabei lange und sehr ausführlich mit meinen Menschen über mich, meine körperlichen Beschwerden, meine Vorgeschichte, mein Verhalten und meinen Charakter gesprochen.

Einige Tage nach dem Besuch der Tierheilpraktikerin bekam ich mit meinem Nachtisch – der aus einem Klecks Quark besteht – drei kleine Kügelchen. Ja, ich habe sie sehr wohl gesehen, auch wenn meine Menschen vielleicht glauben, dass ich es nicht bemerkt habe. Auch an den folgenden beiden Tagen zierten drei Kügelchen meinen Nachtisch. Ich kann nicht sagen, dass die Kügelchen irgendwie besonders schmecken, eher schmecken sie nach nichts. Sicher ist aber, dass es mir, seit ich diese Kügelchen bekomme, schon viel besser geht, wenn ich auch noch nicht ganz gesund bin. Ich fühle mich im Grunde aber so wohl wie schon lange nicht mehr. Und zum ersten Mal auch wirklich verstanden. Ich kann nur sagen: Das tut mir sehr gut, und ich habe das Gefühl, dass diese Form der Behandlung noch mehr möglich machen kann."

Bachblüten

Die Bachblütentherapie basiert auf der Erkenntnis, dass die Persönlichkeit eines Patienten einen sehr großen Einfluss auf den Erfolg einer Behandlung hat. Dieses Erkennen, verbunden mit homöopathischen Ansätzen, zielt darauf ab, dass echte Heilung darin besteht, den Patienten und nicht primär die Krankheit zu behandeln.

Zoé, eine kleine ungeduldige Katze, beschreibt uns aus ihrer Sicht die Therapie mit Bachblüten:

„Meine neuen Menschen holten mich aus dem Tierheim zu sich. Obwohl ich noch gar nicht so alt war, hatte ich das Kindliche und Spielerische, nach einigen schlimmen Erlebnissen, zu diesem Zeitpunkt bereits verloren. Vielleicht weil ich etwas traurig auf meine Menschen wirkte, haben Sie sich entschieden, genau mich zu sich zu nehmen. Zum Glück für mich, wie ich finde.

Für alles Neue brauche ich etwas länger Zeit, einfach um mich daran zu gewöhnen. Das haben meine Menschen schnell verstanden, mir alle Zeit gelassen und mich nie bedrängt. Obwohl ich mich wirklich gut aufgehoben und verstanden fühlte, konnte ich dieses Gefühl der Schwermut und Traurigkeit nicht hinter mir lassen. Meine Menschen haben dann nach einigen Wochen einen Termin mit einer Tierheilpraktikerin vereinbart. Sie kam zu uns nach Hause. Zugegeben, ich habe sie selbst nur ganz kurz gesehen, denn als sie in die Wohnung kam, habe ich es vorgezogen, mich unter der Couch zu verstecken. Dieses Verhalten von mir hat anscheinend schon dazu beigetragen, dass die Therapeutin wusste, was ich benötige.

Später bot Frauchen mir – ganz ungewohnt zu dieser Zeit – einen Schluck Sahne an. Natürlich habe ich sofort bemerkt, dass die Sahne nicht nur alleine Sahne war. Sie strahlte noch eine mir bis dahin unbekannte Energie aus, die ich sonst von Sahne nicht kenne. Ab und zu fährt Frauchen mir seither auch mit feuchten Fingern über Stirn, Kopf und Rücken. Ich kann nicht sagen, wie und warum sie das tut, doch stellte ich Veränderungen an mir fest. Das bisher vorherrschende Gefühl der Traurigkeit wurde nach und nach geringer. Auch die Schwermut, die mein Leben so lange bestimmt hat, konnte mit der Zeit weichen. Ich wurde zunehmend lockerer und dabei dem Leben gegenüber auch ein Stück weit offener. Ich selbst finde, dass es mir inzwischen so gut geht wie nie zuvor. Sicher werde ich niemals ein Hans-Dampf-in-allen-Gassen sein und dabei ausgelassen pfeifend durchs Leben gehen. Aber ich werde meinem neuen Leben viel offener und auch mit einer gewissen Fröhlichkeit begegnen können."

Reiki

Reiki ist der japanische Begriff für die universelle Lebensenergie. Man versteht unter Reiki das Kanalisieren kosmischer Energien, die uns überall und ständig umgeben. Bei der Behandlung werden lediglich die Hände auf den Körper gelegt oder über den Körper gehalten, ohne ihn zu berühren.

Otilie, eine schon etwas ältere Dackeldame, beschreibt uns, wie Reiki auf sie wirkt:

„Ich bin schon etwas in die Tage gekommen, fühle mich dabei aber noch recht gut. Lediglich meine Gelenke machen nicht mehr so mit wie noch vor einigen Jahren. Doch das scheint wohl normal zu sein, und ich hörte, dass man da auch nichts mehr machen kann. Gut, dass mein Frauchen – sie hat ähnliche Beschwerden wie ich – sich damit nicht zufrieden gegeben hat. Ihre diesbezüglichen Erfahrungen hat sie ihren Freundinnen beim wöchentlichen Canasta-Nachmittag erzählt. Eine Freundin, die Elvira, berichtete ihr daraufhin von ihren eigenen Erfahrungen, die sie bei der Behandlung mit Reiki erlebt hatte. Das alleine reichte schon aus, dass mein Frauchen nicht nur für sich selbst, sondern auch gleich für mich einen Termin bei der Reiki-Therapeutin vereinbarte. Mit Reiki kann man nämlich Menschen und Tiere behandeln.

Beim Termin war zuerst ich an der Reihe. Ich kann euch sagen, ich habe so etwas vorher noch nicht erlebt. Die Frau, eine sehr nette übrigens, hat nur ganz leicht ihre Hände auf meinen Körper gelegt, und schon habe ich ein leichtes Kribbeln gespürt. Es wurde dann auch ganz warm an den Stellen, auf die sie ihre Hände gelegt hat, und es tat mir einfach nur gut. Ich konnte mich unter der Behandlung so gut entspannen wie schon lange nicht mehr. Was aber für mein Empfinden noch viel besser war, ist die Tatsache, dass ich nach der Behandlung viel weniger Schmerzen in den Gelenken hatte als noch zuvor.

Auch mein Frauchen ist von der Reiki-Behandlung ganz begeistert, und so gehen wir seither gemeinsam einmal in der Woche zur Therapiestunde. Die Behandlung tut uns beiden so gut, dass wir eine ganz neue Lebensqualität erreicht haben."

Farbtherapie

Die Farbtherapie stellt eine wirkungsvolle, aber gleichzeitig nebenwirkungsfreie und schmerzfreie Therapieform dar. Sie bedient sich der Wirkung von Licht und Farbe, die das Individuum auf physischer und psychischer Ebene wieder ins Gleichgewicht zu bringen versucht. Farben wirken auf subtile Weise und beeinflussen so unser Unterbewusstsein.

Cleo, eine inzwischen 5-jährige Doggendame, berichtet über ihre persönlichen Erfahrungen bei der Therapie mit Farben:

„Meine Menschen sind eigentlich ganz helle und auch neuen Dingen gegenüber sehr offen eingestellt. Nur manchmal sind sie ein bisschen schwer von Begriff, aber da helfe ich ihnen dann gerne. So geschehen, als ich eine Phase durchleiden musste, in der mein Magen-Darm-System sehr unausgeglichen war. Ich litt unter wiederkehrendem Durchfall und hatte dabei auch noch Krämpfe. Meine Menschen gaben mir schon Medikamente, die sie vom Tierarzt für solche Fälle verordnet bekommen hatten, jedoch war mir allein damit noch nicht wohler. Ich fühlte mich magisch von der orangefarbenen Kuscheldecke meines Frauchens angezogen, die immer auf der Couch im Wohnzimmer liegt. Irgendwie hatte diese Decke eine ganz besondere Ausstrahlung auf mich. Ich wartete einen unbeobachteten Augenblick ab, zog die Decke von der Couch, kuschelte mich in sie hinein und konnte so etwas besser entspannen. Frauchen fand das aber gar nicht toll, als sie mich schlafend auf ihrer Decke vorfand. Dabei sollte sie doch froh sein, dass ich mich nicht auf der Couch auf die Decke gelegt habe. Na ja, ihr war das wohl egal. Mir aber nicht, denn der – wenn auch kurze Schlaf – auf dieser Decke hat mir sehr gut getan. So wartete ich einfach den nächsten unbeobachteten Moment ab und holte mir die Decke erneut. Dieses Spiel wiederholte sich einige Male. So lange, bis Frauchen offensichtlich genug hatte. Vielleicht war sie in ihren Augen dann auch schon so schmutzig, dass sie selbst sie nicht mehr haben mochte. Gut für mich, denn damit war diese orangefarbene Decke, die mir – warum auch immer – so gut tat, in meinen Besitz übergegangen. Mit der Zeit und der Decke beruhigten sich auch mein Magen und meine Därme zunehmend. Nun bin ich wieder ganz hergestellt, liege aber immer noch sehr gerne auf meiner Eroberung. Mittlerweile habe ich gehört, dass die Farbe Orange nicht nur eine fröhliche Ausstrahlung hat, sondern auch beruhigend auf unterschiedliche Organe wirkt. Frauchen hat sich eine neue Kuscheldecke zugelegt. Die ist jetzt blau. Mal schauen, wobei diese Farbe hilft.

Energetisches / Geistiges Heilen

Energetisches oder Geistiges Heilen bedeutet die Behandlung aller Ebenen des Individuums: Des Körpers, der Seele und des Geistes. Verschiedene Techniken werden eingesetzt, um negative und krankmachende Energien aufzulösen. Der Energiefluss im Organismus soll wiederhergestellt oder ausgeglichen werden.

Ein Hannoveraner-Hengst mit dem Namen *Hamlet* beschreibt uns die Therapieform des Energetischen Heilens aus eigener Sicht:

„Ich kenne mich ganz gut und kann mich auch selbst ganz gut einschätzen. Diese Tugend ist für meine Art nicht die schlechteste, denn damit kann ich mir so manche ungute Erfahrung ersparen. Als ich noch jünger war, habe ich davon nämlich einiges wegstecken müssen – ob das für mich unangenehme Behandlungen in der Tierklinik, die eher schmerzhaften Erfahrungen mit meinen Hufeisen oder auch die seltsam anmutenden Praktiken einiger Trainer waren. Alles in allem habe ich schon allerlei verkraften müssen und mich darunter sicher auch verändert. Für mein Empfinden ist es okay so, aber mein Frauchen findet es zunehmend schwieriger mit mir. Denn mittlerweile bin ich äußerst kritisch, wenn mir jemand zu nahe kommt. Außer meinem Frauchen darf mich nur noch der nette Hufpfleger anfassen. Es war eine langwierige Reise, bis wir den gefunden hatten. Er macht seine Arbeit prima: Bei ihm habe ich keine Schmerzen, weder vorher noch nachher, und dabei weiß er mich ernst zu nehmen und so auf mich einzugehen, dass ich mich wohl fühle. Dann ist aber auch schon Schluss.

Genau mit dieser Haltung habe ich mein Frauchen in arge Nöte gebracht. Als ich eine Phase sich wiederholender Koliken durchmachte, konnte sie mir nach ihrer Ansicht keine wirkliche Unterstützung anbieten. Ich wollte und konnte einfach niemanden an mich heranlassen. Erst als sie Kontakt zu einer Therapeutin aufgenommen hatte, für deren Therapie der körperliche Kontakt nicht notwendig war, spürte ich nach und nach eine Besserung. Diese Frau – ich hörte die Leute sagen, sie sei eine Heilerin – kann sogar aus der Entfernung mit mir arbeiten. Mir wurde berichtet, dass sie sich bei dem, was sie tut, auf den Kranken konzentriert und ihm mit der Kraft ihres Geistes heilende Energie zukommen lässt. Das funktioniert wirklich, denn wenn sie sich mit mir beschäftigt, dann spüre ich das sofort. Unter ihrer Therapie geht es mir inzwischen sehr viel besser, und auch mein Frauchen fühlt sich damit gut."

Systemisches Aufstellen

Das Systemische Aufstellen bietet eine sehr effektive Möglichkeit, die Hintergründe von belastenden Gefühlen, auffälligen Verhaltensweisen und auch Krankheiten sichtbar zu machen. Im Aufstellen wird mit der Wirkung des wissenden Feldes (nach Rupert Sheldrake auch mit dem Morphogenetischen Feld) gearbeitet.

Rasputin, ein roter Kater, erzählt uns über seine Erfahrungen mit dem Systemischen Aufstellen:

„Ich kann von mir behaupten, dass ich ein lustiger und fröhlicher Vertreter meiner Art bin. Im Grunde bin ich jedem und allem gegenüber aufgeschlossen. Vor einem Jahr kam ich dann aber in eine etwas schwierige Situation. In der Nachbarschaft bekamen wir Zuwachs. Ein dicker schwarzer Kater zog mit seiner Familie nicht weit entfernt ein. Dieser dicke Watz machte uns allen – die wir bisher so friedlich zusammengelebt haben – das Leben wirklich schwer. Ich war derjenige, der am meisten unter ihm zu leiden hatte und wusste überhaupt nicht, wie ich mit der Situation umgehen sollte. Fast täglich – und egal welchen Weg ich wählte – musste ich mich von ihm schikanieren lassen. Manchmal konnte ich einfach nicht anders, als mich mit ihm zu prügeln. Das versuchte ich jedoch im Allgemeinen zu verhindern, denn ich war ihm fast immer unterlegen. Mich hat diese schwierige Situation so belastet, dass ich mich nicht einmal mehr zu Hause normal verhalten konnte.

Manchmal ging es mit mir so schlimm, dass ich mich selbst nicht mehr im Griff hatte. Dabei ging dann leider so einiges zu Bruch. Das tat mir auch sehr leid, aber ich wusste einfach nicht, wo ich mit mir und meinem Zorn über den Nachbars-Kater hin sollte. Die Situation spitzte sich dann auch noch zu, weil ich vor lauter Wut und Rage neben das Katzenklo pinkelte. Aus meiner Sicht war es durchaus ratsamer, die Geschäfte zu Hause zu erledigen, weil man sich draußen selbst dabei nicht mehr sicher sein konnte. Meine Menschen waren nicht selten sauer auf mich, wenn ich wieder einen Ausraster hatte oder eben die Pfütze neben dem Katzenklo weggewischt werden musste. Ich schämte mich sehr für mein Verhalten, doch welche Möglichkeit hatte ich denn, ihnen mitzuteilen, wo der wahre Grund dafür lag.

Eines Tages, als Frauchen sich wieder einmal über mich geärgert hatte, fiel ihr ein, dass sie von etwas gehört hatte, was man Systemisches Aufstellen nennt und auch für Tiere machen kann. Das brachte sie auf die Idee, einmal nachzufragen, ob das auch in meinem Fall erfolgversprechend sein könnte. Sie erfuhr, dass die Aufstellung tatsächlich ein guter Weg sein könne, die Hintergründe meines Verhaltens zu beleuchten. Ihr Interesse war geweckt, und so fragte sie den Therapeuten, wie genau eine Aufstellung ablaufe. Ihr wurde erklärt, dass in einer Systemischen Aufstellung für denjenigen, um den es geht, ein Stellvertreter aufgestellt wird. Dieser Stellvertreter befindet sich, sobald er in der Rolle ist, in dem Energiefeld dessen, um den es geht oder für den er stellvertretend steht. So kommt er in die Lage, dessen Gefühle zum Ausdruck zu bringen. Diese Information stimmte nicht nur Frauchen, sondern auch mich hoffnungsvoll. Nächste Woche hat sie den ersten Termin für mich, und was das Beste ist, ich kann dabei zu Hause bleiben.

In der nachfolgenden Geschichte erzählt Esther, wie ihre Offenheit einen außergewöhnlichen Lebensweg und Heilungsweg für ihre Stute *Astrit* möglich machte:

„Als meine Stute Astrit vor mehr als fünfunddreißig Jahren – im April 1974 – geboren wurde, beeinflusste sie von diesem Zeitpunkt an bis heute intensiv und äußerst facettenreich mein Leben!

Dass sie für mich immer schon ein ganz besonderes Tier/ Pferd war (mit ihrer Geburt verwirklichte sich damals mein größter

Wunsch), hat sie gespürt, denn auch ich nahm vermutlich aus ihrer Sicht stets in ihrem Leben eine Sonderstellung ein. So konnte sie niemand anderer reiten oder gar durch schwierige Situationen führen. Unsere fast schon symbiotische Beziehung machte es mir oftmals möglich, mich in mein Pferd hineinzudenken und hineinzufühlen. Sie dankt es mir bis zum heutigen Tag mit den für sie möglichen Gesten und ihrer unendlichen Treue.

„Niemand kennt sie so gut wie ich", wurde im Laufe der Jahre zum geflügelten Ausspruch, und so ergab sich im Zuge ihres Lebens und Älterwerdens auch die Notwendigkeit, dem einen oder anderen Tierarzt oder Therapeuten dies verständlich zu machen. So trat in Astrits dreißigstem Lebensjahr eine akute und derart gravierende spastische Atmung vor dem Hintergrund einer allergischen Reaktion auf, dass der hinzugezogene Tierarzt mir mit Rücksicht auf ihr damaliges und aus seiner Sicht bereits hohes Lebensalter ein gnädiges Einschläfern vorschlug. Dieser „Empfehlung" konnte und wollte ich nicht einfach folgen; dies lag nicht in meiner Gedankenwelt, ohne wenigstens einen Versuch unternommen zu haben, ihr real zu helfen.

So organisierte ich, völlig auf mich allein gestellt, jedoch letztlich erfolgreich, innerhalb von vierundzwanzig Stunden eine Behandlungsmöglichkeit mit einem Ultraschallvernebelungsgerät, das damals selbst für den Tierarzt fachliches Neuland darstellte. Eine von vielen, aber die bis zu diesem Zeitpunkt schwierigste Hürde in Astrits Leben war genommen und von großer Erleichterung meinerseits begleitet.

Als Astrit dann vor vier Jahren, nach dem plötzlichen Verlust ihres Stallkameradens, aus Kummer und nachfolgendem Ärger über die neue Pferde-Gesellschaft an einer schweren und hartnäckigen Nasennebenhöhlenentzündung erkrankte, entwickelte sich hieraus für mich eine weitere intensive Herausforderung.

Die Macht bzw. die Ohnmacht der Schulmedizin, aber auch die der Homöopathie, traf uns beide daher in den letzten Jahren und Monaten immer dann besonders heftig, wenn ich meiner eigenen

Intuition – was für mein Pferd richtig oder falsch war – nicht oder nicht ausreichend folgte.

Es war, als wolle Astrit, dass ich, an meinem eigenen Ausspruch festhaltend, den Hintergrund ihrer Erkrankung selbst aufdeckte und ihre Behandlung aktiv mitgestaltete. Damit zwang sie mich letztlich immer wieder – im Zuge der vielen erfolglosen oder nur kurzzeitig von Erfolg begleiteten Behandlungen – zu eigenen Überlegungen, Entscheidungen und Handlungen. Auf diese Weise wurde so manches Mal ein mutiger Widerspruch von meiner Seite nötig, was mir aber auch meine eigene weitere prozessorientierte Entwicklung ermöglichte. Wenn ich zurückblicke, waren immer die Therapien für Astrit am erfolgreichsten, die nach meinem inneren Gefühl für sie die richtigen waren.

Besonders tief berührt mich bis heute die große Bereitschaft und letztlich die Kraft und Ausdauer meines Tieres, bei mir bleiben und noch nicht über die Regenbogenbrücke gehen zu wollen, sowie die Art und Weise, in der sie mein „Tun" für sich annehmen kann und möchte!

Astrit war in vielen Situationen dem Tod bereits sehr nahe gekommen, doch nach vielen Bemühungen von uns beiden, die in der Hauptsache von meinem Bauchgefühl bestimmt wurden, hat meine Stute nun wieder eine für alle deutlich sichtbare Lebensqualität erlangen können. Es war kein leichter Weg, aber nach meiner Auffassung uneingeschränkt richtig!

Astrit ist ein außergewöhnliches Tier, ein Kamerad und letztlich ein Familienmitglied, so dass es mir niemals schwerfiel, diesen vielleicht auch ungewöhnlichen Weg für sie und mit ihr zu gehen.

Ich hoffe sehr auf weitere gemeinsame Jahre und wünsche jedem Tierhalter die Kraft, ähnlich aktiv den Krankheits- oder Sterbeprozess seines Tieres mitzugestalten."

Lernaufgaben:

- Achten Sie darauf, von welcher Therapieform Sie sich angesprochen fühlen.
- Achten Sie darauf, welche Therapieform zu Ihrem Tier passt oder welche es gut annehmen kann.
- Seien Sie offen auch gegenüber unbekannten Therapieformen.
- Machen Sie sich bewusst, dass die Verantwortung für die Betreuung und Versorgung Ihrer kranken Tieres bei Ihnen liegt.
- Machen Sie sich bewusst, dass Ihr Tier über Selbstheilungskräfte verfügt, die im Idealfall nur aktiviert werden müssen.
- Beachten Sie bei der Behandlung des Tieres nicht alleine die körperlichen Symptome, sondern das gesamte Wesen des Tieres.

Der sechste neue Wegabschnitt – Wie kann ich bewusst mit dem Sterben meines Tieres umgehen?

Dieses Buch handelt vom bewussten und liebevollen Miteinander zwischen Mensch und Tier und gibt Anregungen und Tipps, wie man das erreichen kann. Durch unser erstes Buch, das von der Sterbebegleitung für Tiere handelt, konnte so mancher Tierfreund vielleicht einen großen Schritt in eine neue Richtung unternehmen. Wenn es so wäre, würde uns das sehr freuen. Denn genauso haben wir es uns gewünscht.

Bei der intensiven Beschäftigung mit der Thematik des Lebens und Sterbens wurde uns schnell klar, dass ein liebevolles und bewusstes Miteinander mit dem Tier da beginnt, wo ich ihm auf Augenhöhe begegne und auch seine Wünsche und Entscheidungen – sofern diese bekannt sind und soweit das möglich ist – akzeptiere.

Unser Wunsch, die Tiere als ebenbürtig zu respektieren – hier sprechen wir für alle Tiere, nicht nur für die Haustiere an unserer Seite – resultiert unter anderem daher, dass wir auch Tiere als beseelte Wesen betrachten, womit wir schon lange nicht mehr alleine stehen.

Das Individuum, bestehend aus Körper, Seele und Geist, ist dazu bestimmt, seinen persönlichen Lebensweg zu gehen. Zu jeder ganz individuellen Lebensreise gehört alles Erlebte, was sich auf dieser Reise ereignet und anbietet. Seien es schöne oder nicht so schöne Erlebnisse, leichte oder schwierige Lernaufgaben, besondere oder harmlose Ereignisse, Begegnungen mit Menschen und/oder Tieren, Krankheiten etc. Alles, wirklich alles Erlebte macht erst in seiner Gesamtheit diesen Menschen oder eben das Tier aus.

Seine Lebensreise kann man nun bewusst oder eher unbewusst antreten. Wir stehen dafür ein, bewusst zu leben. Dabei ist uns wichtig, nicht nur allein das eigene Leben bewusst leben und gestalten zu wollen, sondern alles mit einzubeziehen, was unser Leben direkt betrifft. Das, was uns nicht direkt betrifft, dürfen wir zwar erkennen und daraus unsere Lehren ziehen, doch sollten wir es nicht beeinflussen. Das Betätigungsfeld eines jeden ist in erster Linie da zu sehen, wo es um einen selbst geht, denn jeder kann nur bei sich selbst wirklich etwas verändern – vorausgesetzt, dass es etwas zu verändern gibt.

Leben wir also unser eigenes Leben bewusst, oder versuchen es zumindest, dann bietet sich uns damit auch gleichzeitig eine größere Möglichkeit zur Entwicklung als ohne diese Bewusstheit. Auch für die Tiere an unserer Seite bietet sich ein weit größeres Entwicklungspotenzial, wenn wir das, was wir mit ihnen erleben, ebenfalls bewusst betrachten. Denn nach unserer Erfahrung kann der Mensch selbst auch an dem wachsen und sich weiter entwickeln, was er im Zusammenhang mit seinem Tier erlebt. Unserer Erfahrung nach kommt ein Tier in das Leben seines Menschen, um für ihn da zu sein. Wenn der Mensch das Bewusstsein dafür nicht hat, verwehrt er sich eine Chance zur Weiterentwicklung.

Wenn es uns gelingt, das gemeinsame Leben mit unserem Tier auf eine bewusste Ebene zu bringen, dann besteht sicher eine ungleich größere Chance auf Entwicklung. Jedes Zusammenleben mit dem Tier kann Potenzial für Wachstum bieten. Unsere Erfahrungen – nicht zuletzt aus unserem eigenen Erleben – zeigen, dass wir gerade dann besonders profitieren können, wenn es darum geht, Verhaltensweisen, Krankheiten und Symptome unserer Tiere bewusst anzusehen. Wie schon beschrieben, ist es wahrlich nicht immer leicht, die Hintergründe zu verstehen und darüber hinaus das umzusetzen, was umgesetzt werden sollte. Trotzdem macht es Sinn, aufmerksam zu sein und es wenigstens zu versuchen, denn alleine damit wird die Aufmerksamkeit und somit der Energiefluss in eine neue Richtung gelenkt. Schon dieser veränderte Fokus kann eine neue Entwicklung möglich machen.

Mit nicht wenigen Krankheiten unserer Tiere muss man lernen zu leben und versuchen, sich damit zu arrangieren. Dabei sollte man dem Tier selbstverständlich immer jede Behandlung, Therapie, Fürsorge und Unterstützung angedeihen lassen, die es benötigt, um die Krankheit bewältigen zu können.

Dennoch kann eine Krankheit – trotz intensivster Behandlung – immer auch dazu führen, dass das Tier stirbt. Dies liegt dann aber vermutlich nicht daran, dass zu irgendeinem Zeitpunkt etwas übersehen oder versäumt wurde. Wir gehen davon aus, dass es die Seele ist, die entscheidet, wann sie kommt und wann sie geht.

Der Todeszeitpunkt ist das, womit so viele nicht klarkommen. Wann empfinden wir Sterben als richtig und wann als falsch?
   Ein Unfalltod, ein plötzlicher Tod oder auch ein Tod, der in jungem Alter kommt, werden oft als sinnlos angesehen. In welchen Fällen gelingt es denn besser, einen Todeszeitpunkt zu akzeptieren? Für die meisten ist dies der Tod nach einem langen, möglichst erfüllten Leben oder wenn der Tod in hohem Alter kommt. Auch nach einem langen Krankheitsweg kann das Sterben oft besser angenommen werden und wird nicht selten sogar als Erlösung betrachtet.
   Wir glauben, dass die Seele an sich unsterblich ist und alleine über den Todeszeitpunkt und die Art zu sterben entscheidet. Beides wird sie als Lernaufgabe mit ins Leben bringen. Dies gilt es umso mehr zu beachten, als die Seele das wahre Wesen und somit der höchste Anteil eines Individuums ist.

Mit dem Wissen, dass die Seele unsterblich ist, bekommt jeder Tod eine ganz neue Dimension. Wir glauben, dass die Seele unversehrt bleibt, egal ob das Sterben aus unserer Sicht leicht oder schwer war. Wir glauben auch, dass alles, was jemals war oder sein wird, ihr nichts anhaben kann. So kann ein jeder, wenn er dazu bereit ist, den Sterbeweg als das betrachten, was er in Wirklichkeit ist, nämlich der Eintritt in eine andere Bewusstseinsform. Davon abgesehen, ist der Sterbeweg ebenso ein Weg, der wieder zur Vollkommenheit führt, denn die Seele verlässt den (kranken) Körper, den sie sich für dieses Leben ausgewählt hat, und befreit sich von allem, was mit diesem verbunden war.

Auch bei der Begleitung eines Sterbenden sollten wir niemals den Fehler begehen, einem anderen unsere persönlichen Empfindungen aufzudrängen. Vor allem darum, weil derjenige möglicherweise vollkommen anders empfindet als man selbst. Das Schlimmste, was wir jemandem antun können – egal in welcher Situation – ist, dass wir ihn mit unseren Sorgen und Ängsten zusätzlich belasten. Selten ist etwas, das gut gemeint ist, auch wirklich gut für einen anderen. Dies gilt für alle Lebewesen, selbstverständlich auch für unsere Tiere.

So sollte der neue, bewusste Umgang mit einem sterbenden Tier geprägt sein vom Verständnis für das, was das Tier in diesem Augenblick wirklich benötigt. Es sollte erkannt werden, dass auch der Sterbeweg ein Weg des Wachstums ist und der Sterbende durchaus mit neuen oder alten Aufgaben konfrontiert werden kann. Alles, was im Leben nicht gelernt und verarbeitet wurde, kann sich nun noch einmal zeigen. Immer mit dem Hintergrund, doch noch daran zu wachsen und Lehren daraus zu ziehen. Hierbei benötigt der Sterbende Unterstützung und Halt. Wenn Sie sich intensiver als hier möglich mit dem Thema Sterben und Tod auseinandersetzen möchten, dann können Sie in unserem Buch „Wenn Tiere ihren Körper verlassen" wertvolle Anregungen finden.

Wir wünschen uns, dass der Respekt und die Achtung, die wir einem Tier entgegenbringen, sein Leben, sein Sterben und insbesondere seinen Sterbezeitpunkt mit einschließt. Mit der Vorstellung, dass die Seele den wahren Kern eines jeden Individuums ausmacht und immer vollkommen ist – unabhängig davon, ob sie sich im Körper befindet oder diesen mit dem Tod verlassen hat – sollte eine ganz neue Sichtweise möglich werden.

Lernaufgaben:

- Seien Sie offen dafür, dass Sterben nichts anderes als den Übergang in eine unbekannte Daseinsform darstellt.
- Gestehen Sie Ihrem Tier seine Individualität zu, nicht nur im Leben, sondern auch im Sterben.
- Erkennen Sie, dass es die Seele ist, die ein Individuum wirklich ausmacht.
- Erkennen Sie, dass die Seele unsterblich ist.

Der siebte neue Wegabschnitt – Bewusst Freude ins gemeinsame Leben bringen

Wann immer wir darüber nachdenken, was im Leben wirklich wichtig ist, steht die Freude auf jeden Fall mit an vorderster Stelle. Doch wir stellen fest, dass kaum jemand noch darüber nachdenkt, ob er sich überhaupt noch von Herzen freuen kann. Der Alltag hat uns nur allzu oft in seinen „Klauen". Zumindest empfinden die meisten es so. Wo sollten noch die Zeit, die Energie und die Lust herkommen, sich darum zu bemühen, bewusst Freude ins Leben zu bringen?

Nach unserer Erfahrung ist es eher so, dass wir versuchen, dies unter anderem durch die Tiere zu erreichen, mit denen wir leben. Leider vergessen wir dabei, dass niemand auf der Welt dazu da ist, uns Freude zu bereiten. Er könnte das auch gar nicht, selbst wenn er es wollte. Vielmehr muss es uns gelingen, Freude aus uns selbst entstehen zu lassen. Wir könnten es uns scheinbar leicht machen, in dem wir versuchen, Freude einzukaufen. Wir glauben oft, dass wir das Problem möglicherweise lösen können, wenn wir uns Dinge anschaffen, die uns Freude bereiten. Uns gefällt die Vorstellung, wir könnten ins nächste Geschäft gehen, uns etwas Schönes kaufen, an dem wir uns erfreuen, und gut wäre es. Wenn wir aber ehrlich sind, dann wissen wir alle, dass gekaufte Freude nicht von langer Dauer ist. Wäre es nicht so, die Wirtschaftskrise hätte uns schon viel früher ereilt, weil niemand mehr etwas kaufen müsste, außer eben dieses eine Mal.

Nun stellt sich die Frage, wo wir die Freude für uns und das Tier an unserer Seite hernehmen können, wenn wir das nicht einmal für uns alleine richtig beherrschen? Mittlerweile profitiert sogar in nicht un-erheblichem Ausmaß die Tierindustrie davon, dass wir vermeintlich glauben, auch unseren Tieren Freude kaufen zu können. Mag sein, dass es in diesem Bereich ein bisschen besser gelingt, denn sehr oft freut sich das Tier wirklich und sogar dauerhaft über ein Spielzeug. Trotzdem scheint auch dort etwas Wesentliches zu fehlen.

Der Tagesablauf vieler Menschen ist straff organisiert. Alles ist vorprogrammiert und unterteilt in unzählige Pflichten. Hier eine Pflicht, da eine Pflicht; und dort ist auch noch eine. Mancher ist am Morgen schon wieder müde, wenn er nur an das denkt, was der Tag für ihn bereithält. Dabei leben nicht wenige in dem Glauben, dass auf keine dieser Pflichten verzichtet werden kann. Viel zu groß ist die Angst, dass in der Folge ein Stück Lebensqualität verlorengehen könnte, oder uns irgendjemand einen Strick daraus dreht. Doch sind wir erst einmal so weit, dass wir nur noch nach Plan und für die Erledigung unserer täglichen Pflichten leben, dann können wir fast sicher davon ausgehen, dass uns kaum noch Lebensqualität bleibt. Das Wort *Qualität* kann dann getrost gestrichen werden. Viele haben die Vorstellung, nur mit einem perfekt organisierten Leben alles im Griff zu haben. Leider hat Perfektion alleine unseres Wissens nach noch niemanden dauerhaft glücklich gemacht. Freude dagegen schon. Also lassen Sie uns versuchen herauszufinden, wo und wie die Freude auch in Ihrem Leben einen neuen Stellenwert bekommen kann.

Zuerst einmal muss natürlich jeder für sich herausfinden, was ihm wahrhaft Freude bereitet. Sicher ist Ihnen schon aufgefallen, dass wir – die Autorinnen – große Freunde davon sind, jedem das Seine zu lassen, ungeachtet unserer persönlichen Ansichten und Meinun-gen. So hat ein jeder seine ganz eigene Vorstellung davon, was auf seine Freude-Skala gehört. Eigentlich sollte es daher auch gar nicht so schwer sein, etwas zu finden. Haben Sie noch eine echte Ahnung davon, was Sie froh macht? Und wir meinen damit *wirklich* froh!

Wahre Freude können wir heutzutage am ehesten beobachten, wenn Tiere oder Kinder oder auch Tiere und Kinder miteinander spielen. Sie spielen einfach, ohne sich darüber Gedanken zu machen, wie sie dabei aussehen oder wie sie auf andere wirken. Sie genießen es einfach, sie spielen ausgelassen, machen sich keinen Erfolgsdruck und lachen um des Lachens willen.

Wichtig ist auch, dass jeder für sich den Unterschied zu erkennen versucht, ob ihm etwas tatsächlich Freude bereitet oder ob etwas vielleicht nur noch als Ersatz für die nicht vorhandene Freude herhalten muss. Darunter verstehen wir zum Beispiel alle Handlungen, die eigentlich nur „ablenken". Ständiger Fernseh-Konsum fällt darunter, und auch das vor allem bei Frauen meist so beliebte *Shoppen*. Damit meinen wir nicht, dass dies an sich unsinnig ist. Wenn aber jede mögliche Gelegenheit zum Einkaufsbummel genutzt wird, die sich bietet, vielleicht um von dem abzulenken, was eigentlich wichtiger wäre, dann sollte das Verhalten überprüft werden. Es geht dabei auch darum, alle die Ablenkungsmanöver zu entlarven, die möglicherweise schon zur Gewohnheit geworden sind, gleichzeitig aber völlig unbewusst durchgeführt werden.

Es geht aber nicht alleine darum herauszufinden, was uns Freude bereitet, sondern auch darum, wie man diese Freude in den gemeinsamen Alltag mit dem Tier integrieren kann. Denn dieser Alltag kann oft mit sehr vielen Aufgaben verbunden sein. Da kann das tägliche Gassi-Gehen mit dem geliebten Hund schon einmal zu einer lästigen Handlung werden, gerade wenn es draußen bereits seit Tagen wie aus Eimern schüttet. Auch wenn das Katzenklo zum wer weiß wievielten Mal an einem Tag sauber gemacht werden muss, wird der Jubel sich in Grenzen halten. Gerade wollte man sich einen Augenblick lang Ruhe gönnen, und genau in diesem Moment hört man das Scharren in der Katzenstreu. Das sind Augenblicke, in denen man oder frau in Sekundenschnelle um Jahre altern kann.

Dabei kann es ganz leicht sein, freudvolle Momente zu erleben. Freude kann man schon alleine dadurch erreichen, indem man den Fokus auf etwas anderes als das sonst übliche Pflichtprogramm richtet. Freude ist nichts, was auf Knopfdruck geschieht, gleichzeitig aber auch – wie alles andere im Leben – eine Sache der Einstellung und der Sichtweise. Jeder entscheidet immer selbst, ob er etwas negativ oder positiv sieht.

Wenn ich mit meinem Hund durch Wind und Regen laufe und in Gedanken das furchtbare Wetter und die matschigen Wege verfluche, ist das der allerbeste Weg, um wirklich schlechte Laune zu bekommen. Von Freude wird da nichts zu spüren sein. Wie so oft heißt der Zaubersatz in dieser Situation: „Annehmen, was ist." Was ist so schlimm an Wind und Regen, außer dass vielleicht Frisur und Kleidung in Mitleidenschaft gezogen werden? „Schlimm genug", werden Sie erwidern. Somit ist das kein Grund, um ein fröhliches Liedchen anzustimmen. Doch verändern wir die Sichtweise, nehmen das Wetter an und sagen uns anstatt: „Sch…wetter, das gehört verboten, etc." lieber: „So ist das eben. Wie schön, dass ich ein warmes und trockenes Zuhause habe." So bekommt die Angelegenheit gleich eine ganz neue Kraft – und zwar eine positive.

Vielleicht ist das gar der Beginn von etwas ganz Neuem. Möglicherweise können Sie sich wieder daran erinnern, wie sehr Sie es als Kind geliebt haben, durch den Matsch zu laufen und in Pfützen zu springen. Ziehen Sie sich also beim nächsten Regenspaziergang die Gummistiefel an und versuchen Sie, der Situation etwas Spielerisches abzugewinnen. Werden Sie wieder zum Kind, zumindest teilweise. Scheren Sie sich vor allem nicht darum, was andere über Sie denken mögen, wenn Sie – für alle sichtbar – dem Regenwetter positiv begegnen. Es ist nämlich durchaus möglich, auch bei einem Schlechtwetterspaziergang Kraft und Freude zu tanken. Ich, die ich das Haus bei Schmuddelwetter nur im alleräußersten Notfall verlasse – da bin ich ganz wie meine Katzen, obwohl sie diesbezüglich tatsächlich experimentierfreudiger sind – muss dann an unsere Freundin Christine denken. Christine läuft bei Wind und Wetter mit ihren Hunden durch den Wald, freut sich an der Natur und kommt gestärkt für ihren anspruchsvollen Arbeitsalltag wieder nach Hause. Bewundernswert und sehr zur Nachahmung empfohlen; denn für den Optimisten ist bekanntlich immer schönes Wetter.

Sich auf das Wesentliche zu besinnen, ist ein weiterer Weg in Richtung Freude. Wenn Sie sich auf das konzentrieren, was wirklich wichtig ist, kann Ihnen das, was sich im täglichen Leben als vermeintliches Übel zeigt, nur noch wenig anhaben. Ihm wird dadurch die Kraft genommen. Uns geht es dabei aber nicht um Zweckoptimismus, sondern darum, zu verstehen, wo wir uns durch unsere eigene Denkweise schaden und wie das zu ändern ist. Alleine ein freundliches Lachen kann jede noch so schwierige Situation entspannen und schöner machen: „Froh zu sein, bedarf es wenig." Die meisten von Ihnen werden dieses Lied kennen. Ich habe mir zu eigen gemacht, dieses Lied zu singen, wenn der Tag sich allzu dunkel zeigt und die Laune abzusinken droht. Das ist keine allgemeine Wunderwaffe, aber bei mir wirkt sie.

Singen macht generell froh, ob Sie nun glauben, singen zu können, oder nicht. Meine Katzen wissen im wahrsten Sinne des Wortes „ein Lied davon zu singen", dass mein Gesang mir niemals Lob und Ehre einbringen wird. Das hält mich aber nicht davon ab, es trotzdem zu tun. Allzu schlimm kann es nicht sein, denn noch niemals hat eine der Katzen das Haus in panischer Flucht verlassen oder gar einen Schaden fürs Leben bekommen, wenn ich munter vor mich hin trällere. Ganz im Gegenteil, sie freuen sich an meiner Freude. Wer nicht singen mag, der lasse singen; einen CD-Player oder ein Radiogerät hat heutzutage schließlich jeder. Je nach Geschmack darf es durch die Wohnung schallen, dass es eine Freude ist. Vielleicht bekommen Sie ein neues Gefühl dafür, wie leicht die Freude mitunter kommen kann. Dabei kann es richtig Spaß machen, wenn Sie versuchen herauszufinden, ob ihr Tier vielleicht sogar ein eigenes Lieblingslied hat und welches das sein mag. Probieren Sie es aus!

Ein weiterer schöner Weg zu mehr Frohsinn im Alltag ist es, sich an der Individualität seines Tieres zu erfreuen. Dies kann geschehen, indem man sich voll und ganz auf sein Tier einlässt und sich darauf besinnt, was das Außergewöhnliche an eben diesem Tier ist. Welche seiner Eigenschaften empfinde ich als ganz besonders bewundernswert? Leben Sie fünf oder zehn Minuten am Tag so, als hätten Sie diese Eigenschaft, die Sie an Ihrem Tier besonders gut finden.

Was das Leben ebenfalls sehr erhellt und wirklich Freude bringt, sind Farben. Schauen Sie sich in Ihrer Umgebung um und achten Sie darauf, ob irgendwo die Buntheit fehlt. Bringen Sie Farbe in Ihr Leben! Das ist nun wirklich einfach. Statt des modernen schwarzen Hemdes ziehen Sie ein quietschbuntes an. Die Farbe sollte Ihnen natürlich gefallen, das ist klar. Niemand sollte sich in Lila kleiden, wenn er damit riskiert, zum nächsten Arzt geschickt zu werden, weil ihn die Farbe blass macht und krank aussehen lässt. Aber irgendeine Farbe steht jedem!

Umgeben Sie sich auch in Ihrem Zuhause mit fröhlichen Farben. Die bunte Decke im Hunde- oder Katzenkorb hat schon so manchen Vierbeiner fröhlicher gestimmt. Bei meinen Katzen halte ich es so, dass ich in jedes der Katzenkörbchen einen andersfarbigen Kissenbezug lege. So gibt es rote, blaue, orangefarbene und gelbe Kissen (leider habe ich nicht alle Farben erhalten, die ich wollte), die je nach Lust und Laune von den Katzen als Ruheplatz ausgewählt werden können. Besonders beliebt ist das rote Kissen, um das an manchen Tagen auch schon mal eine kleine Keilerei entbrennt. Sie sehen, wie einfach es mitunter sein kann, froh(er) zu werden, womit ich hier keinesfalls die Keilerei meine.

Vielleicht müssen Sie aber auch gar keine neuen Freuden ins Leben bringen, sondern nur wieder die wahrnehmen, die schon da sind? Schreiben Sie einfach alles auf, was Sie gerne mit Ihrem Tier zusammen unternehmen; und dann versuchen Sie, jeden Tag etwas von dieser Liste zu tun. Ähnlich wie mit der einen guten Tat am Tag, die jeder Pfadfinder sich zur Pflicht macht. Reservieren Sie sich jeden Tag fünf bis zehn Minuten (gerne auch mehr!), die nur dazu da sein sollten, gemeinsam mit Ihrem Tier Freude zu empfinden. Unabhängig von den gemeinsamen Freuden darf selbstverständlich jeder – Mensch wie Tier – auch noch seinen ganz eigenen Freuden frönen!

Gehen Sie aber immer davon aus, dass Ihr Tier generell von allem profitiert, was Ihnen Freude bereitet. Um ein Vielfaches mehr profitiert es, wenn die Freuden gemeinsam erlebt werden. Ihre durch die Freude aufgeladene Energie strahlt auf alle und alles ab. Von Herzen lachen und echte Freude erleben, sind die beste Gesundheitsvorsorge schlechthin! Sie kostet wenig bis nichts und ist uns doch an manchen Tagen so fern wie die Sonne. Holen Sie sich einfach die Sonne vom Himmel und lassen Sie sie strahlen! Sie werden sehen: Einmal damit angefangen, kann dies zum Selbstläufer werden.

Wie im Fall von Christine, wenn sie mit ihren beiden Hunden im Wald unterwegs ist:
„Das Thema Freude verbinde ich in der Tat tatsächlich mit dem Wald, der Natur um mich herum und deshalb besonders auch mit den täglichen Spaziergängen zusammen mit meinen Hunden.
Ich muss allerdings gestehen, dass auch ich so manches Mal recht griesgrämig in den Spaziergang starte. Das hat meist zwei Gründe: Entweder das Wetter ist ganz furchtbar schrecklich, dass sogar mein wetterfester Neufundländer starr vor Schrecken in der offenen Haustür stehen bleibt und am liebsten den Rückwärtsgang einlegen würde, oder ich bin noch verärgert über irgendwelche

Geschehnisse, in Gedanken mit beruflichen Problemen beschäftigt oder was auch immer.

Dann laufen wir trotzdem los, und Ersteres klärt sich immer sehr schnell, weil ich nämlich feststelle, dass es im Wald ausnahmslos bei *jedem* Wetter schön ist. Das Zweite hält meist auch nicht lange an, dafür sorgt in der Regel mein zweiter noch sehr junger Hund. Wenn ich beobachte, wie freudig und eifrig und dabei oft sehr tollpatschig er die Welt erkundet, dann gehen meine Mundwinkel immer mehr nach oben. So kommen dann einfach eine unwahrscheinliche Wärme und Freude in mir auf. Das sind Momente, in denen ich ganz im Hier und Jetzt lebe und wirklich nur noch diese Freude empfinde. Alles andere, was mich bedrückt oder belastet, ist in diesem Moment einfach nicht vorhanden. Allerdings muss ich offen dafür sein, mich auch darauf einzulassen. Ganz selten stapfe ich so tief in unangenehme Gedanken versunken durch den Wald, dass ich meine Umgebung gar nicht wahrnehme und der Freude keine Chance gebe, zu mir zu kommen. Das empfinde ich dann oft als sehr schade, wenn es mir nach vielleicht der Hälfte des Spazierganges bewusst wird, denn auch meine Hunde schleichen dann meist lustlos und bedrückt neben mir her. Zum Glück passiert das wirklich nur sehr selten. Der Zauber der Natur um mich herum schafft es meist sehr schnell, mich in den Bann zu ziehen.

Das Wundervolle ist aber nicht nur das Spüren und Genießen im Hier und Jetzt, sondern auch die Veränderung in mir selbst, die dadurch bewirkt wird. Ich spüre und erkenne, dass es das ist, was wirklich wichtig ist. Die Sorgen und Belastungen werden abgeschwächt und treten in den Hintergrund. Die Energie und Kraft, die ich dadurch verspüre, das Empfinden, dass alles gut und richtig ist, so wie es ist, und eigentlich so viel einfacher, als wir so oft glauben, lässt mich mit klarerem Blick auf das Wesentliche und Wichtige in meinem Leben schauen."

Lernaufgaben:

- Machen Sie sich bewusst, wann Sie sich in Ihrem Leben wirklich freuen.
- Erstellen Sie eine Liste mit allem, was Ihnen Freude bereitet.
- Nehmen Sie sich jeden Tag vor, sich mindestens einmal richtig zu freuen.
- Entdecken Sie die Situationen, die Ihnen und Ihrem Tier gleichermaßen Freude bereiten.
- Akzeptieren Sie sich und ihr Tier so, wie sie sind, und verlangen Sie keine hundertprozentige Perfektion.
- Erkennen Sie, dass Freude nicht nur in den großen Dingen liegt, sondern ganz besonders oft in den kleinen Dingen zu finden ist.

Der achte neue Wegabschnitt – Tägliche Gewohnheiten – tägliche Rituale

Im letzten Kapitel haben wir darüber gesprochen, wie wichtig die Freude im Alltag ist. Freude kann der Motor sein, der uns antreibt und mit dessen Kraft der Tag zu etwas Besonderem werden kann. Diese Kraft sollte sich jeder täglich gönnen. Ein guter Weg, um dorthin zu kommen, sind Rituale. Darum möchten wir uns in diesem Kapitel Ritualen widmen, die zu einer täglichen Gewohnheit werden können; oder auch Gewohnheiten, die man als Rituale ansehen kann. Ein Ritual kann sehr eng mit der Freude verbunden sein, denn tägliche Rituale können bei ihrer Durchführung sehr viel Freude bereiten und gleichzeitig ein wenig mehr Bewusstheit ins Leben bringen. Für viele verbirgt sich hinter einem Ritual etwas, was nur bestimmten Menschen in feierlichen Momenten vorbehalten ist, wie zum Beispiel gewisse kirchliche Zeremonien.

Wir fassen den Begriff Ritual etwas weiter. Für uns ist die Bezeichnung *Ritual* ein anderes Wort für jede bewusst getätigte, nach einem bestimmten Schema ablaufende Handlung, die regelmäßig ausgeführt wird. So gesehen kann jede Handlung eine rituelle Handlung sein.

Rituale können zu Inseln im Alltag werden, die Räume schaffen, in denen man zu sich finden, sich erholen, Kraft tanken und sich dabei vielleicht neu entdecken kann. Rituale können aber ebenso ganz „banale" Handlungen sein, die einfach nur ein ganz wunderbares Gefühl vermitteln. Indem man alltägliche Gewohnheiten ein Stück weit bewusster zelebriert, können sie auch zu einem wertvollen täglichen Ritual werden.

Im Zusammenleben mit dem Tier werden sich, je nachdem mit welcher Tierart Sie leben, die täglichen rituellen Handlungen in ihrer Ausübung sicher sehr unterscheiden, inhaltlich dabei aber trotzdem sehr ähneln.

Im Folgenden stellen wir Rituale aus Sicht unterschiedlicher Tiere vor. Vielleicht fühlen Sie sich von dem einen oder anderen angesprochen, oder Sie gelangen mit diesen Anregungen zu ganz eigenen Ritualen, die noch besser zu Ihnen und Ihrem Tier passen. Auch wenn Ihnen die eine oder andere Geschichte sehr bekannt vorkommen mag, sind einige davon doch unserer Fantasie entsprungen. Jedoch haben wir uns dabei von unseren eigenen und allen Tieren, die wir kennen, sehr inspirieren lassen.

Den Anfang macht Katze Timberley, die etwas ganz Besonderes für sich und ihre Menschen entwickelt hat:

Timberley hatte nämlich sehr bald nach dem Einzug bei ihren Menschen herausgefunden, dass diese, wenn morgens ihr Wecker anging, sehr mürrisch und missgelaunt waren. Trotz des für Timberleys zarte und empfindliche Ohren infernalischen Lärms des Weckalarms schienen sie gar nicht wach zu werden. Das brachte sie auf die Idee, sich direkt nach dem ersten Weckerläuten zu ihren Menschen ins Bett zu begeben und zwischen sie zu legen, um sie dann sozusagen wach zu kuscheln. Sie rieb ihr Köpfchen abwechselnd erst an dem einen, dann an dem anderen, die anfänglichen Proteste tapfer ignorierend. Dabei spürte sie, wie ihre Menschen zusehends zugänglicher, freundlicher und vor allem auch wacher wurden. Ihr selbst tat es dabei mindestens ebenso gut, sich im warmen Bett zu räkeln, was ihr normalerweise nicht gestattet war. So hatte es sich eingebürgert, dass Timberley jeden Morgen – mittlerweile sogar am Wochenende, wenn der Wecker schwieg – für einige Kuschelminuten ins Bett ihrer Menschen durfte. Dies wurde im Laufe der Zeit zu einer regelmäßigen Einrichtung und zu einem entspannten Einstieg in den Tag für Mensch und Tier. Die Minuten der gemeinsamen Entspannung wurden regelmäßig beendet, indem die Menschen sich bei Timberley bedankten, sich gegenseitig einen guten Morgen wünschten und sehr viel froher als in früheren Zeiten aufstanden, um in den Tag zu starten.

Das nächste Beispiel erzählt, wie sich aus einer Unart des Yorkshire-Rüden Brutus ein ganz eigenes Ritual entwickeln durfte:

Seit Brutus – wir wählten bei dieser Geschichte absichtlich einen unpassenden Namen, um zu verdeutlichen, wie sehr der Name auf den Namensträger abfärben kann und wie wichtig die Namensgebung ist – bei seinen Menschen eingezogen war, gestaltete sich seine Fütterung stressig. Er schien es richtiggehend zu genießen, wenn seine Menschen Aufhebens um ihn machten und sich ganz besonders um ihn bemühten. So ließ er sich regelrecht bitten, einen Bissen nach dem anderen zu sich zu nehmen. Sein Frauchen kniete an manchen Tagen minutenlang vor ihm und redete auf ihn ein, damit er überhaupt zu essen anfing. Das konnte sich dann durchaus schon einmal folgendermaßen anhören: „Ei, du guter kleiner Brutus, komm iss doch einen Happen für die Mami. Und dann noch einen für den Papi usw." Brutus schwelgte in dieser eher ungesunden Aufmerksamkeit. Eines Tages wurde es seinem Herrchen aber zu bunt. Er konnte und wollte das Drama weder weiter mit anhören noch ansehen und schaltete genervt und um Ablenkung zu finden das Radiogerät ein. Der Sender spielte gerade ein langsames klassisches Stück – fragen Sie bitte nicht welches – und Brutus spitzte sofort die Ohren. Dabei begannen seine Augen zu glänzen, er drehte sich zum Napf hin und fraß ihn auf einmal leer. Seine Menschen trauten ihren Augen nicht, als sie das sahen. Sie empfanden es wie ein Wunder, konnten aber die Verbindung zu dem gespielten Musikstück durchaus herstellen. Auch sie kannten das Stück nicht, kramten aber sofort in ihrem CD-Fundus nach etwas Ähnlichem. Am nächsten Tag, zur Fütterungszeit, wollten Sie den

Test machen. Sie füllten Brutus' Napf, legten die CD ein, riefen ihn zu sich – und das Wunder geschah ein weiteres Mal. Von diesem Tag an vollzog sich es täglich wieder. Brutus' Menschen waren beeindruckt, wie sich die Situation auf so genialem – wenn auch einfachem – Weg verbessern ließ und weiteten das neu gefundene Ritual noch aus. Inzwischen spielt es sich folgendermaßen ab, wenn für Brutus Fütterungszeit angesagt ist: Sobald der Napf gefüllt ist, spricht Brutus' Frauchen einige Dankesworte für alle guten Gaben und auch dafür, dass sie alle genug zu essen haben. Danach wird die CD eingelegt und das Futter vor Brutus gestellt. Er beginnt sogleich zu essen – und alle sind zufrieden. Brutus genießt nun seine Mahlzeiten und die Art und Weise, wie sie ihm angeboten werden. Seine Menschen genießen die entspannende Situation, während die Musik spielt.

Auch wenn diese Geschichte teilweise frei erfunden ist, so kann sie doch als ein gutes Beispiel dafür dienen, wie sich aus einem eher lästigen Verhalten ein angenehmes tägliches Ritual entwickeln kann.

Ein weiteres Beispiel für ein Ritual, das von den Tieren selbst eingeführt wurde, ist das Folgende, das die Hunde von Sabine „entwickelt" haben:

„Wenn wir mit unseren beiden Hündinnen Sandy und Candy vom Mittagsspaziergang zurückkommen und die Wetterbedingungen nicht bestens sind, dann ist es nicht selten vonnöten, dass sich beide Hunde noch vor der Haustüre einer Reinigung unterziehen müssen. Zumindest die Pfoten und Beine und manchmal auch der Bauch werden gesäubert. Vor allem dann, wenn der Dreck Gelegenheit hatte, Krusten zu bilden. Nach irgendeiner dieser Waschaktionen vor dem Haus gab es zur Belohnung für jeden ein Leckerli. Diese Situation hat sich dann genau so noch einige Male wiederholt. Rückblickend kann ich gar nicht mehr sagen, wann es begann, dass sie diese Belohnung regelmäßig nach der Reinigung bekommen haben. Ich erinnere mich nur, dass irgendwann der erste Weg beider Hunde beim Nachhausekommen – und zwar unabhängig davon, ob die beiden gewaschen wurden oder nicht – direkt zum Schrank in der Küche führte, in dem sich die Hundeleckerli befinden. Die anfänglich als Belohnung für das Stillhalten beim Pfotensäubern gedachte Gabe der Leckerchen hatten die Hunde in ein tägliches, für sie sehr erfreuliches Ritual verwandelt. In erster Linie natürlich, um ein zusätzliches Leckerli zu bekommen. In zweiter Hinsicht scheinen unsere Hunde – wenn sie wirklich gewaschen werden müssen – durchaus kooperativer zu agieren. Sicher auch deshalb, weil sie wissen, dass am Ende eine Belohnung auf sie wartet. So wird das Nachhausekommen, schmutzige Pfoten hin oder her, immer zu einer für alle Beteiligten höchst erfreulichen Angelegenheit."

Ähnliches kann Petra über ihre Katzen berichten. „Es scheint tatsächlich so zu sein, dass die Belohnung über etwas Leckeres ein schöner Anreiz sein kann, einige Minuten konzentriert innezuhalten. Wie jeder Katzenhalter weiß, kann sich das Füttern von Katzen durchaus anstrengend gestalten. Mal wird einem das Futter vor lauter Begeisterung fast aus der Hand geschlagen, zu einem anderen Zeitpunkt hingegen wird nicht einmal aufgeschaut, wenn das Signal ertönt, dass der Napf gefüllt ist.

Ich hatte irgendwann dann die Idee, dass ich mit unserer ältesten Katze Balou, die sich mittlerweile im 19. Lebensjahr befindet und deren Appetit nicht immer der beste ist, ein Abkommen zu treffen. Sie sollte, wann immer sie ihren Napf geleert hatte, als krönenden Abschluss – quasi als Dessert – einen Klecks Sahne mit Wasser vermischt erhalten. Gesagt, getan. Nach vollendeter Morgenmahlzeit – wobei ich gestehe, das der Napf tatsächlich nicht immer vollkommen leer war – bekam sie einen kleinen Schluck Sahne. Es war für Balou das, was für mich der Espresso nach dem Essen ist, eine runde Sache nämlich. Dieser Meinung waren auch die anderen Katzen, die natürlich nicht einsahen, warum sie von diesem Nachtisch ausgeschlossen wurden. Diskriminierung aus Altersgründen, das leuchtete ihnen absolut nicht ein. Mit Recht.

Mittlerweile läuft das Ritual so ab, dass ich, sobald die Mahlzeit aller Katzen beendet ist, die Sahneflasche aus dem Kühlschrank hole (allein das Öffnen der Kühlschranktür nach der Morgenfütterung genügt, damit sich alle Katzen friedlich vor der Küchentür einfinden), in jeden Napf eine Kleinigkeit davon einfülle, jede Katze mit einem guten Wort und einer nur für sie bestimmten Streicheleinheit bedenke und dann die Näpfe vor sie hinstelle. Während die Katzen ihre Morgenleckerei zu sich nehmen, spreche ich in Gedanken einige Worte, wie zum Beispiel: „Danke für diesen neuen Tag, danke für die Wesen an meiner Seite. Danke für unser aller Schutz. Danke für die kleinen und großen Freuden." Ist diese Mahlzeit beendet, wünsche ich allen Katzen einen frohen Tag und bedanke mich bei ihnen, dass sie bei mir sind.

So macht dieses Ritual Mensch und Tier froh, dankbar und zuversichtlich. Froh, weil es eine Freude ist, Gutes genießen zu dürfen. Dankbar, weil es schön ist zu erkennen, wie einfach und leicht ein glücklicher Moment erzielt werden kann. Zuversichtlich, weil aus der Freude des kleinen bewussten Moments nur Positives für alle erwachsen kann. Durch diese Prozedur wird uns jeden Tag aufs Neue bewusst, dass wir mit der Art, wie wir leben, ein Privileg genießen."

Ein ganz wichtiges Ritual in jedermanns Leben sollte es sein, die Liebe, die man für den anderen empfindet, auch zum Ausdruck zu bringen. So wie dies der Norweger-Wallach Petterson genießen darf. Sein Frauchen ist sich jederzeit bewusst, dass das Leben hier auf der Erde nicht unendlich ist und jeder Abschied der letzte sein kann. So versucht sie, jedes Treffen mit ihrem geliebten Pferd zu etwas Besonderem zu machen. Die Freizeitgestaltung mit Petterson orientiert sich fast ausschließlich an seinen Wünschen und Vorlieben. Er „muss" nicht nur funktionieren, wie das bei anderen Pferden so oft der Fall ist, sondern darf fast immer auch einfach nur Pferd sein. Ausreiten ist zwar durchaus angesagt, aber sehr viel öfter geht Frauchen Nadja mit ihrem geliebten Pferd einfach nur spazieren.

Zuerst wird er gründlich geputzt, dabei wird jeder Handgriff zelebriert und genossen. Nichts davon wird als Arbeit empfunden. Vielmehr ist es sowohl für das Frauchen als auch für das Pferd eine wirkliche Freude. Bewusst wird auf die Signale von Petterson geachtet, und sie werden entsprechend gewürdigt. Es ist wie eine stumme Zwiesprache zwischen den beiden, die in solchen Momenten stattfindet. Das Ritual, das sich im Laufe der Zeit für Nadja und Petterson entwickelte, läuft folgendermaßen ab: Sobald der Spaziergang oder der Ausritt beendet sind, bekommt Petterson noch einmal die Hufe gesäubert, danach gibt es eigens für ihn mitgebrachte Leckereien, und dann wird er in den Paddock zurückgeführt. Zum Abschied umarmt Nadja ihn, bleibt einen Augenblick in inniger Umarmung bei ihm stehen und sagt ihm, wie sehr sie ihn liebt. Niemals vergisst sie, ihm das zu versichern. Erst dann verabschiedet sie sich, nicht ohne ihm zu sagen, dass sie bald wiederkommt.

Die nachfolgende Beschreibung zeigt, dass Rituale auch dazu genutzt werden können, ein Tier zu beruhigen und körperliche Überreaktionen abzubauen.

Sabines Hündin Sandy bekommt gelegentlich einen heftigen Schluckauf, der sich leider zumeist als ziemlich hartnäckig erweist. So kam Sabine eines Tages auf die Idee, gemeinsam mit Sandy ein Atem-Ritual durchzuführen, damit Sandy zu ihrer gewohnten Atmung zurückfinden konnte. Dazu setzt Sabine sich zu Sandy auf den Boden, legt ihr sanft die Hand an die Seite und atmet ruhig ein und aus. Dabei nimmt sie mental Kontakt zu Sandy auf und versucht, sie innerlich zu beruhigen. Diese Atemtherapie beruhigt den Atem von Sandy innerhalb kürzester Zeit und führt gleichzeitig zu einem Gefühl von Entspannung und Gelassenheit.

Im gemeinsamen Rhythmus mit seinem Tier zu atmen, ist, auch wenn keine körperlichen Beeinträchtigungen bestehen, ein sehr schönes Ritual, das Ruhe und Frieden spenden kann. Hierzu können Sie jederzeit, wie beschrieben, ihrem Tier die Hände auflegen und einige Minuten im gleichen Atemrhythmus ein- und ausatmen. Schicken Sie Ihrem Tier während des Einatmens positive Energie in Form von Licht oder anderen schönen Bildern, und stellen Sie sich beim Ausatmen vor, wie sowohl Sie als auch Ihr Tier von allem Belastenden befreit werden. Nach einigen Minuten beenden Sie das Atemritual mit einem Dank.

Lassen wir nun wieder ein Tier zu Wort kommen. Die aus Rumänien stammende Mischlingshündin Minty berichtet: „Mindestens einmal täglich geht mein Frauchen Charlotte mit mir in den Wald. Dabei gehen wir jeden Tag einen anderen Weg, denn es ist ein großer Wald, der viele Möglichkeiten bietet. Während dieser Spaziergänge haben wir uns angewöhnt, immer wieder einmal einen Moment innezuhalten und auf die Wesen im Wald zu achten. Die gibt es nämlich wirklich, auch wenn du jetzt den Kopf schütteln magst. Ich kann sie sehen, und mein Frauchen kann das auch. Deswegen bin ich ja so froh, bei ihr und niemandem sonst gelandet zu sein.

Unsere Begegnungen sind immer sehr lustig und auch spannend. Meistens warten wir, bis wir zu einem besonders großen Baum kommen, dort bleiben wir stehen, und Frauchen lehnt sich an den Baum oder legt zumindest ihre Hand an seinen Stamm. Ich bleibe dicht vor ihr stehen und schaue gespannt zu ihr hoch. Sobald Frauchen die Kraft des Baumes spürt, schließt sie die Augen, und gemeinsam genießen wir die besondere Energie dieses Moments.

Es ist nun nicht etwa so, dass wir die Wesen des Waldes mit unseren Augen tatsächlich sehen können. Darum geht es auch gar nicht. Aber wir spüren sie ganz deutlich. Natürlich sind sie da, wer sollte denn sonst auf die Natur aufpassen und über sie wachen? Unser tägliches Ritual besteht darin, dass wir auf jedem unserer Spaziergänge einige Minuten innehalten und in uns hineinhorchen.

Das sind wunderschöne Augenblicke, in denen wir mit allem, was ist, verbunden sind. Ich spüre meine alte Heimat und weiß gleichzeitig, dass ich überall zu Hause sein kann. Auch Frauchen kann mich in diesen magischen Momenten ganz besonders fühlen, und so führt dieses gemeinsame Erleben dazu, dass unsere Herzen sich lichtvoll miteinander verbinden. Als Wesen der Natur genieße ich es, als solches und inmitten anderer Naturwesen geachtet und respektiert zu werden."

Sehr erheitert hat uns ein Ritual, von dem die Teilnehmerin eines unserer Seminare berichtete:

Diese junge Frau lebt mit ihrem Mann und mehreren Katzen in einer Mietwohnung in der Großstadt. Die Katzen sind demzufolge reine Wohnungskatzen, genießen aber ganz besondere Privilegien. Eines davon ist, dass diese Katzen gemeinsam mit ihren Menschen baden dürfen. Keine Angst, diese Katzen müssen keinesfalls zu ihren Menschen in die mit Wasser gefüllte Wanne steigen. Sie erleben das ganze gewissermaßen trockenen Fußes. Da die Katzen beim Baden nicht ausgeschlossen werden wollten, hatten ihre Menschen folgende Idee: Sie besorgten eine Ablagefläche, die von einer zur anderen Seite der Wanne gelegt wird. In jenem Fall wurde diese Ablage ein wenig zweckentfremdet. Auf ihr werden Sie weder ein Buch, noch ein Glas Sekt, noch eine Kerze finden. Vielmehr sitzen auf dieser Ablage gleich mehrere Katzen, die ihren Menschen beim Baden Gesellschaft leisten. Mit wachsender Begeisterung schauen Sie Ihren Menschen beim Plantschen zu, tauchen dann und wann die eine oder andere Pfote ins Wasser und genießen einfach nur, dabei sein zu dürfen. Es käme nie und unter gar keinen Umständen in Frage, die Katzen davon auszuschließen. So zeigt sich wieder einmal, wie kreativ und einfallsreich Menschen sein können, wenn es darum geht, ihre Tiere in ihr Leben einzubeziehen. Wir finden, dass das ein ganz besonderes Ritual ist und können uns richtiggehend vorstellen, wie die gute Laune während des gemeinsamen Bades auf allen Seiten steigt. Sollten Sie Katzenhalter sein, probieren Sie es doch einfach selbst einmal aus.

Nachdem sie zu Beginn dieses Kapitels gelesen haben, wie schön es sein kann, von einer Katze auf liebevolle Art geweckt zu werden, möchten wir Ihnen nun noch zeigen, dass eine Katze auch beim Schlafengehen wertvolle Dienste leisten kann.

„Meine Katze Feli hat ein besonderes Ritual entwickelt, um mich beim Einschlafen zu unterstützen. Sie weiß sehr wohl, dass sie eigentlich nicht bei mir im Bett schlafen soll und darf, hat aber einen Weg gefunden, trotzdem ins Bett zu gelangen. Wenn ich ins Schlafzimmer gehe, um das Bett aufzuschlagen, begleitet sie mich meistens unaufgefordert. Hat sie erst einmal die Schlafzimmertür erfolgreich überwunden, verlässt sie das Zimmer nicht mehr freiwillig. Alle Versuche, sie des Zimmers zu verweisen, sind zum Scheitern verurteilt. Meist versteckt sie sich unter dem Bett, so dass niemand an sie herankommt und ich sehr schnell aufgebe. Warum ich es trotzdem immer wieder versuche, weiß ich selbst nicht… Wenn es dann so weit ist, dass ich ins Bett gehe, thront Feli bereits mit leuchtenden Augen auf der Bettdecke und scheint nur darauf zu warten, dass ich mich endlich zu ihr lege. Sobald ich unter der Decke liege, kommt ihr großer Augenblick. Dann nämlich lässt sie sich an meiner rechten Seite nieder, wobei sie ihren Kopf auf meine Schulter legt und mir laut schnurrend bei meiner Gutenacht-Lektüre assistiert. Das ist keinesfalls so unbequem, wie es sich vielleicht anhören mag. Ganz im Gegenteil, es ist ein extrem entspannendes Gefühl, dieses weiche und biegsame Wesen neben und auf mir liegen zu haben. Leider kann ich diese Prozedur nicht sehr lange genießen, denn durch Ihre Nähe und die damit verbundene Entspannung fallen mir sehr schnell die Augen zu. Feli ist dann sehr mit sich zufrieden und verlässt das Bett mit einem Gefühl, wieder einmal eine gute Tat geleistet zu haben.“

Ein weiteres Ritual hat sich während unserer gemeinsamen Arbeit entwickelt. Wenn wir für unsere Patienten Aufstellungen durchführen, hat sich meine Hündin Candy als ein sehr wichtiger Helfer erwiesen. Wann immer sich in einer Aufstellung eine Situation gezeigt hat, die sie bekräftigen wollte, hat sie sich dazugestellt und damit deutlich gemacht, worauf ein besonderes Augenmerk zu richten war. Jedes Mal, wenn wir in der Aufstellung in einer wichtigen Phase sind, bestätigt Candy durch ihr Auftreten die Situation mehr als deutlich. Erstaunlich ist hierbei, dass sie immer genau in den Momenten aktiv wird, in denen wir einen entscheidenden Fortschritt erzielen konnten. Um diese für uns wichtige Hilfe entsprechend zu würdigen, haben wir ihr – über den ausgesprochenen Dank hinaus – eine zusätzliche Belohnung in Form einer Mandel zukommen lassen. Inzwischen wurde das zu einem festen Ritual. Candy, die alles andere als ein Kostverächter ist, versucht, wann immer sich die Gelegenheit bietet, diese rituelle Belohnung auch auf andere Situationen auszuweiten. Dies gelingt ihr jedoch nur mit eher mäßigem Erfolg.

Hier noch eine Zusammenfassung, welche Rituale man mit seinem Tier über den Tag verteilt ausführen kann:
- Zeit bewusst(er) miteinander verbringen
- Gemeinsam Atmen
- Entspannungsübungen (welcher Art auch immer)
- Innehalten während eines Spaziergangs oder wo und wann auch immer.
- Herzliche und innige Momente mit dem Tier genießen.

Wenn Sie eigene Ideen für ein neues Ritual mit Ihrem Tier haben, versuchen Sie es. Machen Sie sich immer wieder klar, dass es sich bei jedem bewusst gelebten Moment letzten Endes schon um ein Ritual handeln kann.

Die bewusste Lebensreise von Hund Rusty und Katze Emma

Rusty und Emma haben allen ihren Tierfreunden lange ihr Ohr geliehen. Sie haben geduldig zugehört, ohne zu kritisieren und ohne zu werten. Einfach bewundernswert. Doch wie kann es sein, dass zwei Tiere so ausgeglichen und voller Vertrauen durchs Leben gehen? Was ist ihr Geheimnis? Gibt es überhaupt ein Geheimnis? Oder haben sie einfach nur die begnadete Gabe, aus allem das Beste zu machen? Um diese Fragen beantworten zu können, müssen wir uns ansehen, wie das Leben der beiden verlaufen ist, wie sie zu dem wurden, was sie sind, und wie sie dorthin kamen, wo sie sind.

Diese Geschichte ist frei erfunden, dennoch kann sie sich so oder ähnlich überall und jederzeit ereignen.

Rusty und Emma befanden sich im gleichen Tierheim, als ihre zukünftigen Menschen kamen, um endlich wieder eine Katze bei sich aufzunehmen. Deren Kater Bono war vor einem knappen Jahr gegangen. Die Lücke, die er hinterlassen hatte, wollte nun wieder geschlossen werden. Nach einer angemessenen Zeit der Trauer und „Erneuerung" war die Zeit dafür nun reif.

Kurz noch etwas zu den beiden Menschen, die sich aufmachten, einer Katze ein neues Zuhause zu schenken. Sie waren und sind nicht besser als andere Menschen, sondern ein ganz „normales" Paar, seit vielen Jahren verheiratet, die beiden Kinder schon erwachsen und längst aus dem Haus. Scheinbar ganz normal, und doch ist da etwas, was die beiden von anderen Menschen unterscheidet. Sie sahen nicht nur sich selbst und ihr Leben mit besonderen Augen, sondern fühlten sich mit allen Wesen der Natur innig verbunden. Eine Verbundenheit, von der im späteren Verlauf auch Emma und Rusty sehr profitieren durften.

Aber so weit sind wir noch nicht. Noch liefen die Menschen im Tierheim zwischen den Katzengehegen hin und her, um nach der für sie passenden Katze Ausschau zu halten. In einem der Katzenzimmer saß in der Mitte, völlig gelassen und friedlich, eine getigerte Katze, die sich putzte, als müsse sie sich für eine wichtige Verabredung zurechtmachen. Sie ahnen es bereits, es handelt sich bei dieser Katze um Emma, die schon „wusste", dass dieser Tag ein besonderer für sie werden würde. Gerade rechtzeitig wurde sie mit ihrer Körperpflege fertig, damit die Menschen sie in ihrer ganzen Schönheit bewundern konnten. Sie schüttelte sich noch einmal kräftig und brachte sich in Position, genau in dem Moment, als die Menschen das Zimmer erreichten. Emma zu sehen und zu wissen, dass sie die eine ist, nach der „gesucht" wurde, war Eines. Umgekehrt ging es Emma ganz genauso. Sie sah die Menschen und wusste, dass sie die Richtigen sind. Es war auf beiden Seiten Liebe auf den sprichwörtlichen ersten Blick, und es schien fast, als hätte man sich bereits vor ewigen Jahren verabredet, sich an diesem Ort zu dieser Zeit wiederzutreffen. So und nicht anders wurde es auf beiden Seiten empfunden. Dabei war Emma – ganz im Vertrauen – ohne dass wir ihr Aussehen herabsetzen wollen, eine Katze wie viele andere auch. Und doch war sie für diese Menschen *die eine wie keine*. Wie es eben so ist, wenn man einen anderen mit den Augen der Liebe sieht.

Am liebsten hätten die Menschen zu der netten Dame vom Tierheim gesagt, dass sie Emma sofort mitnehmen wollten. Doch so weit war es noch nicht, denn zunächst folgte noch ein ausführliches Gespräch, in dessen Verlauf die Menschen auf Herz und Nieren geprüft wurden. Während des intensiven Gesprächs war auf einmal lautes Gebell zu hören. Es war nicht nur zu hören, es war auf keinen Fall zu überhören. So kam es, dass die Tierheimleiterin zusammen mit Emmas zukünftigen Menschen – sie waren zwischenzeitlich für katzentauglich bzw. „Emma-tauglich" befunden worden – zu den Hundezwingern liefen um nachzusehen, was da für ein Spektakel war.

Erneut werden Sie kaum überrascht sein, wenn wir erzählen, dass es Rusty war, der dort mit laut tönender Stimme auf sich aufmerksam machte. Auch für ihn war es ein besonderer Tag, das spürte er schon eine ganze Weile. Er hatte an diesem Morgen sogar – was ganz ungewöhnlich für ihn war – sein Futter verweigert. Er war so aufgeregt, weil er wusste, dass sich heute für ihn etwas entscheiden würde. Etwas, worauf er schon lange wartete.

An dieser Stelle möchten wir erwähnen, dass weder Emma noch Rusty in ihrem bisherigen Leben schlecht behandelt worden waren. Bei beiden war es vielmehr so, dass deren bisherige Menschen, bedingt durch persönliche Probleme, ihre Tiere nicht mehr behalten konnten. So traurig das klingt, so hält das Leben doch auch derartige Schicksalsschläge bereit. Als nun die Menschen zu Rustys Zwinger kamen, geschah etwas Seltsames mit den zukünftigen Katzeneltern. Sie sahen Rusty und „wussten", dass sie ihn mitnehmen würden; und zwar wussten sie das unabhängig voneinander. Es war ein Wissen, das nicht vom Kopf, sondern vielmehr ein inniges Gefühl, das vom Herzen ausging. Ein jeder sah den anderen an, nur einen kurzen Augenblick lang, und es war klar: Rusty kommt mit. Die beiden Menschen mussten lachen. Da waren sie ins Tierheim gefahren, um einer Katze ein neues Zuhause zu geben und würden mit einer Katze *und* einem Hund wieder zu Hause ankommen. Rusty zeigte sich glücklicherweise als Katzenkenner und ihr Liebhaber, und auch Emma war gewillt, dem bisher unbekannten Hund gegenüber aufgeschlossen und freundlich zu sein.

Kaum zu Hause angekommen, wurden die Tiere in einem feierlichen Ritual erst einmal ausführlich begrüßt. Sie wurden in Ruhe durch das ganze Haus geführt, jedes der Zimmer wurde ihnen gezeigt und ihnen wurde auch erklärt, zu welchem Zweck die Zimmer genutzt wurden. Dann machten ihnen die Menschen klar, was sie von ihnen erwarteten und dass sie gleichberechtigte Partner ihrer neuen Menschen seien. Emma und Rusty fanden das gar nicht weiter ungewöhnlich, sondern ganz normal und waren sich auf Anhieb einig, dass sie das ihre dazu beitragen wollten, damit es eine gute und fruchtbare Mensch/Tier-Beziehung werden würde. Sie liebten ihr neues Zuhause vom ersten Augenblick an und waren sich einig, dass sie das große Los gezogen hatten.

Jeder der neuen Menschen von Rusty und Emma hatte sein Päckchen zu tragen. Frauchen – wir nennen sie Eva – dachte schon seit geraumer Zeit über ihre berufliche Situation nach, die ihr ein wenig Sorge bereitete. Sie wollte sich gerne verändern, hatte aber noch keine Idee, wie das zu bewerkstelligen sei.

Auch Herrchen – nennen wir ihn Jan – hatte berufliche Probleme. Man erwartete viel von ihm, so dass er an manchen Tagen kaum wusste, wo vorne und hinten war. Zudem lastete als Hauptverdiener der Familie eine große Verantwortung auf seinen Schultern.

Während Emma und Rusty die Räume ihres neuen Hauses gründlich inspizierten, bemerkten sie neben allem Schönen und Positiven natürlich auch die negativen Energien, die für sie deutlich spürbar in den Räumen vorhanden waren. Es war nicht so, dass sie sicher hätten sagen können, was genau es war, das sie spürten, denn es war nicht klar zu erfassen. Dennoch fühlten sie deutlich, dass etwas „in der Luft lag", etwas, das die Harmonie in den Räumen deutlich beeinträchtigte. Das Phänomen, dass man, wenn man in einen Raum kommt, sofort spürt, wie die Stimmung ist, war den beiden nicht unbekannt. Schließlich hatten sie schon einiges an Lebenserfahrung mitbekommen. Sie legten sich in ihre eigens für sie hergerichteten neuen Schlafkörbe – Emmas stand etwas erhöht auf einer Kommode, Rustys in einer geschützten Ecke des Raumes – und begannen miteinander zu kommunizieren. Das nämlich können alle Tiere, ohne dass sie dazu irgendein Seminar besuchen müssen.

Emma „sprach" also zu Rusty: „Hier gibt es irgendeinen Kummer. Spürst du das auch? Wir müssen auf die Menschen achten

176

und sie schützen. Ich habe auch schon eine Idee, wie wir das machen können."

Rusty war neugierig, welche Pläne Emma für die Menschen hatte. Keine Frage, dass er mit von der Partie war, wenn es darum ging zu helfen. „Vor allem", sprach Emma weiter, „müssen wir ihnen klarmachen, dass sie etwas für sich tun müssen. Ich werde mich so oft ich kann auf Frauchens Schoß legen und sanft schnurren, so dass sie sich dabei entspannen und über sich und das, was sie belastet, in Ruhe nachdenken kann."

„Und ich", sagte Rusty „werde beim Spazierengehen mit ihnen Faxen machen und sie damit zum Lachen bringen, denn es scheint, dass sie in letzter Zeit nicht mehr viel zu lachen hatten." „Gut, so machen wir es", antwortete Emma, „und dann sehen wir weiter."

Kurze Zeit später schon lag Emma das erste Mal auf den Beinen ihres neuen Frauchens, die darüber ganz entzückt war, und schnurrte, was das Zeug hielt. Frauchen Eva genoss die Zuwendung ihrer Katze, doch so richtig entspannen konnte sie sich dennoch nicht. Zu viele Gedanken kreisten durch ihren Kopf. Es waren dies Gedanken wie: „Wohin führt mich mein weiterer Weg?" „Werde ich das können?" „Bin ich auch gut genug für eine neue Aufgabe?" So schwirrten die Gedanken durch ihren Kopf, ohne dass Sie zu einem Ergebnis kam. Emma spürte diesen Selbstzweifel und die Angst und versuchte dagegenzusteuern.

Und tatsächlich, nach einigen Minuten destruktiven Nachdenkens kam Eva ein wenig zur Ruhe, schloss die Augen und ließ die Gedanken ihre eigenen Wege ziehen, gleich Wolken am Himmel. Zufrieden registrierte Emma ihren ersten Erfolg und schlief ein.

Doch das Leben ist nicht nur wie ein langsam fließender Fluss, der in der Sonne glitzert. Manchmal entsteht, nach Phasen der Ruhe, ein reißender Strom, der alles fortspült, was sich ihm in den Weg legt. So empfand es auch Eva, die, nachdem sie einige Minuten vor sich hin meditiert hatte, wieder von ihren ständig kreisenden Gedanken eingeholt wurde. Eva sprang auf, beschloss aber, etwas zu unternehmen, um aus diesem Gedankenkarussell wieder aussteigen zu können. Ihr war nur noch nicht klar wie.

Unterdessen war Rusty mit seinem neuen Herrchen eine Runde durch den Wald gelaufen und hatte sich mit der neuen Umgebung vertraut gemacht. Mitten im Spaziergang erinnerte er sich an seine „Mission", fing an Stöckchen herbeizuholen und sie Herrchen auffordernd grinsend vor die Füße zu werfen. Jan war jedoch so sehr in seine Gedanken vertieft, dass er kaum Augen für Rustys rührende Bemühungen hatte. So gab Rusty bald auf und trottete etwas traurig neben Herrchen nach Hause.

Die ersten Tage im neuen Heim vergingen mehr oder weniger ruhig. Jede Nacht, wenn die Menschen in ihren Betten lagen und schliefen – oder auch nicht, denn sehr oft lagen sie wach und grübelten – hielten Emma und Rusty ihre Besprechungen ab. In dieser Nacht meckerte Rusty ein wenig vor sich hin: „Also so etwas ist mir auch noch nicht passiert. Ich laufe und belle und spiele und hüpfe herum, und sie nehmen davon kaum Notiz. Fast fühlt es sich für mich an, als sei ich unsichtbar. Und dann wundern sie sich, dass ich traurig und lustlos bin." „Weißt du", sprach Emma, „du erinnerst mich irgendwie an Herrchen. Er legt auch in allem, was er tut, einen großen Elan an den Tag und wird dann traurig, wenn das nicht gebührend honoriert wird. Natürlich besteht deine Aufgabe hier darin, dass du die Menschen unter anderem auch erheitern und an die frohen Seiten in ihnen erinnern sollst. Doch wenn das nicht von Anfang an gelingt, so musst du es erst einmal so hinnehmen und erkennen, dass ihr Verhalten nichts mit dir, sondern ausschließlich mit ihnen selbst zu tun hat."

„Meinst du?", sprach Rusty, und seine Augen begannen sogleich wieder hoffnungsfroh zu leuchten. „Aber ja", sagte Emma, „mir ist es bisher doch auch kaum besser ergangen. Bei aller Freude, dass wir nun hier sind, scheint mir, dass Frauchen mich nur am Rande wahrnimmt. Wann immer ich den Eindruck habe, dass sie endlich einmal ruhig und gelassen ist, springt sie auf und wird hektisch. Fast so, als könnte sie sich selbst ihre innere Ruhe nicht gönnen."

Spätestens zu diesem Zeitpunkt spürten beide, dass ihre Aufgaben nicht leicht waren und sie nicht nur auf ihre Menschen, sondern auch gut auf sich selbst würden aufpassen müssen. Dabei war ihnen aber nicht bange, denn sie wussten um ihre innere Stärke.

In dieser Nacht hatte Emma einen Traum. Sie träumte von dem großen Baum, der im Garten vor dem Haus stand und zu ihr sprach. Dieser Baum – es handelte sich bei ihm um eine zwanzig Meter hohe Birke – sagte zu Emma, dass sie, wenn sie hoch hinaus wolle, möglicherweise bereit sein müsse, Risiken einzugehen. Weiter sagte er, dass jedes Risiko, das man nur mutig und entschlossen genug eingehe, durchaus neue Türen öffnen könne. Emma sah sich im Traum vor diesem sehr hohen Baum stehen und ehrfürchtig nach oben blicken. In ihr keimte der Wunsch, auf den Baum zu steigen. Sie wusste allerdings noch nicht, ob und wie sie das würde bewerkstelligen können. Im Traum jedoch schien es ihr ganz leicht zu fallen. Die Birke schaute dabei freundlich auf Emma hinab, ihre Blätter raschelten sanft im Wind und es klang, als würden sie Emma rufen.

Rusty hingegen hatte es nicht so mit dem Träumen. Wenn er schlief, dann schlief er. An Träume konnte er sich meist nicht erinnern. Als er am nächsten Morgen erwachte, sah er Emma in ihrem Korb liegen und merkwürdige Bewegungen mit den Beinen machen. Das sah komisch aus, und er konnte nicht anders, als freudig zu bellen. Davon erwachte nun Emma ihrerseits und fiel vor Schreck über diesen lautstarken Weckruf fast aus ihrem Körbchen. Aber nur fast, denn in Sachen perfekter Körperbeherrschung machte Emma niemand etwas vor. Sie erinnerte sich an ihren Traum und hatte eine Idee, die sie Rusty sofort mitteilen musste.

„Stell dir vor", begann Emma, „ich weiß nun, wie ich Frauchen zeigen kann, dass Großes in ihr steckt. In unserem Garten steht eine hohe Birke, und an ihr werde ich heute hochklettern. Frauchen soll sehen, dass ich das kann, und vor allem, dass ich mich traue. Vielleicht gelingt es mir damit, ihren eigenen Mut zu wecken."

Rusty war beeindruckt. Dieses Schauspiel wollte er auf keinen Fall versäumen und würde seiner kleinen Freundin selbstverständlich zur Seite stehen. Vielleicht konnte er sie damit auf seine Weise unterstützen. Jetzt mussten sie nur noch warten, bis die Menschen aufstanden und sich zum Frühstücken auf die Terrasse setzen würden.

Da es ein Sonntag war, dauerte es etwas länger, bis die Menschen am Ort der „Erstbesteigung" erschienen. Bis es so weit war, hatte Emma schon einmal vorsorglich Kontakt zum Baum aufgenommen, ihre Krallen in die dicke Rinde geschlagen – was dem starken Baum aber nichts anhaben konnte – und einige Runden um ihn herumgedreht. Alles in allem wirkte er, bei Tageslicht besehen, doch um einiges höher als in ihrem Traum. Dort war er ihr viel kleiner erschienen. Nicht, dass Emma nun der Mut verlassen würde, aber sie wurde doch ein wenig kleinlaut(er). Doch kneifen konnte und wollte sie auch nicht, denn was Emma sich einmal vorgenommen hatte, das führte sie dann auch aus.

Nachdem die Menschen endlich am Gartentisch vor ihren Frühstückstellern saßen, legte sie los. Zuerst vergewisserte sie sich, dass sie auch die volle Aufmerksamkeit ihrer Menschen genoss. Dann nahm sie Anlauf und begann den Baum hochzuklettern. Sie fand guten Halt in der dicken Borke und kletterte höher und höher. Währenddessen stand Rusty, mit dem Schwanz wedelnd, vor der Birke und ließ ab und an ein aufmunterndes Bellen verlauten. Als Emma das erste Mal nach unten blickte, wurde ihr leicht übel. Doch sie würde nicht aufgeben, so viel stand fest. „Ich werde weiterklettern, bis ich die Spitze erreicht habe", sprach Emma zu sich selbst.

Eva und Jan hatten Emma zunächst mit Belustigung, dann aber mit Sorge zugesehen, wie sie immer weiter den Baum hinaufkletterte. Besonders Eva wäre der kleinen Katze am liebsten zu Hilfe geeilt. Jan hielt sie zurück und erklärte, dass er sicher sei, dass Emma bestimmt ganz genau wisse, was sie tue. Eva konnte diese Sicherheit zwar nicht teilen, doch sie gab sich große Mühe, nicht länger allzu besorgt zu wirken. Sie wunderte sich im Stillen über Emmas Geschicklichkeit, war diese doch bis zum Einzug bei ihnen eine reine Wohnungskatze gewesen. „Was so alles in dieser Katze steckt", dachte Eva stolz – und in diesem Moment verstand sie die Botschaft überdeutlich. Ihr wurde plötzlich klar, dass in jedem etwas steckt, das ihn befähigt, neue und auch steile Wege zu gehen. Sie erkannte, dass sie selbst beginnen musste, sich mehr zuzutrauen und dabei auch auf „Bäume zu klettern", die ihr bisher zu hoch erschienen waren. In diesem Moment kam ihr ein lange gehegter geheimer Wunsch in den Sinn. Schon lange wollte sie ein kleines Café eröffnen. Bisher hatte sie den Gedanken daran jedoch immer verworfen, weil er ihr viel zu abwegig erschienen war. „Kann es denn wirklich sein, dass Emmas Höhenflug etwas in mir bewegt hat?", fragte sie sich. Denn genau so schien es zu sein. Im Stillen schloss Eva ein Abkommen mit sich selbst. „Wenn Emma genauso souverän wieder die Birke hinabsteigt, dann wage ich den Schritt in eine neue berufliche Zukunft." Als hätte Emma es gehört, machte sie sich, kaum dass sie den Baumwipfel erreicht hatte, auf den Rückweg und kletterte rückwärts am Baum wieder hinunter. Keiner hatte ihr je gesagt, dass dies der beste Weg für eine Katze sei, von einem Baum wieder herunterzukommen. Vertrauen und Intuition ließen sie nun instinktiv das Richtige tun. Als sie nur noch zwei Meter über dem Boden war, sprang Emma elegant auf die Erde und schaute erwartungsvoll zu Eva hin. Sofort spürte sie, dass ihre Aktion ein voller Erfolg gewesen war und freute sich, dass sie es gewagt hatte.

Rusty wollte gleich genau wissen, was sie auf dem Weg nach oben erlebt hatte. Und natürlich interessierte ihn auch, ob sie denn Angst gehabt habe. „Natürlich hatte ich Angst", gab Emma unumwunden zu. „Aber ich hatte auch Vertrauen und Mut. Wenn es dir gelingt, diesen beiden mehr Kraft zu geben als der Angst, dann kannst du alles schaffen, was du nur willst." Rusty war wirklich beeindruckt und begann sofort zu überlegen, was er seinerseits Großes tun könne. Leider fiel ihm auf die Schnelle nichts ein, und so legte er sich zu Füßen seines Herrchens und wartete auf den Beginn seines Morgenspaziergangs.

Gleich nach dem Frühstück griff Herrchen Jan zu Halsband und Leine und rief Rusty, der doch tatsächlich noch einmal eingenickt war. Rusty sprang begeistert hoch und ließ sich sein Halsband umlegen. Die Leine brauchte er in der Regel nicht mehr. Wie er so vor Jan herlief, kam ihm ganz plötzlich eine Idee, wie er Jan unterstützen konnte, um seinen beruflichen Stress besser zu bewältigen.

Bei einem Spaziergang mit Eva, vor zwei Tagen, waren sie auf eine Lichtung gelangt. Außer ihnen war da niemand gewesen. Von diesem Ort schien eine besondere Kraft auszugehen. Rusty musste erreichen, mit Jan dorthin zu gehen, um ihm diesen Ort zu zeigen. Herrchen wollte aber offensichtlich in eine ganz andere Richtung, so dass Rusty etwas unternehmen musste. Er sah keine andere Möglichkeit – obwohl er das eigentlich gar nicht wollte – als im Eiltempo davonzulaufen. Jan bemerkte es nicht gleich und musste ein ziemliches Tempo an den Tag legen, um Rusty nicht aus den Augen zu verlieren. Dabei lief er laut rufend hinter Rusty her, der ziemlich flott unterwegs war. „Na warte, wenn ich dich kriege. Nie mehr läufst du ohne Leine", tobte Jan.

Rusty war das alles egal, er hatte ein Ziel vor Augen und wusste, wenn Herrchen den Platz erst einmal sehen würde, wäre sein Ärger schnell verraucht.

Nach einem 10-minütigen Lauf entdeckte Rusty den Felsen, der den Platz begrenzte. Er legte noch einmal einen Zahn zu und erreichte die Lichtung heftig hechelnd. Dort legte er sich in die Mitte des Platzes und schaute erwartungsvoll zu Jan, der laut schnaufend den Hügel hoch gelaufen kam. „Du ungezogener Lümmel", schrie er dabei und wollte schon zu weiteren Schimpftiraden ansetzen, als ihm die Worte im Halse stecken blieben.

Er sah diesen Platz, der – Rusty hatte es instinktiv erfasst – ein Kraftplatz war, und aller Ärger über Rusty fiel mit einem Mal von ihm ab. Obwohl ringsum im Wald nur Nadelbäume standen, war dieser kreisförmige Platz von Buchen umgeben. Die davor stehenden Fichten wirkten wie eine Armee von Aufpassern, als seien sie nur dazu da, den Platz vor negativen Energien abzuschirmen. Auf einer Seite wurde die Lichtung von einem hohen Felsen begrenzt, auf dem Jan sich nun niederließ. Obwohl er sich beim Spurt mit Rusty völlig verausgabt hatte, überkam ihn dort eine Ruhe, wie er sie noch nie zuvor gespürt hatte. Hier erreichte Jan etwas, was ihm bisher kaum gelungen war. Er konnte alles loslassen, was ihn belastete, und dabei vollkommen ruhig werden. Kein Geräusch war zu hören, nicht einmal das Zwitschern der Vögel. Auf der einen Seite war es gespenstisch, auf der anderen Seite doch genau so, wie es zu sein hatte.

An diesem Ort verstand Jan ganz plötzlich, dass er die Kraft in sich trug, mit all dem, was ihn in der letzten Zeit so stark belastet hatte, fertig zu werden. Ein Weg dahin würde sein, die Situation so anzunehmen, wie sie war. Ihm war bewusst, dass sich seine berufliche Situation kurzfristig nicht ohne Weiteres ändern würde. Aber hier, an diesem Ort, spürte er, dass er auftanken und zur Ruhe kommen konnte. Plötzlich wurde ihm klar, dass er manche Dinge einfach zu wichtig nahm und dadurch versäumte, die wirklich wichtigen Punkte zu sehen.

Er nahm sich vor, sooft es ihm möglich war, an diesen Ort zu kommen und die reichlich vorhandene positive Energie auf sich wirken zu lassen. Seine anfängliche Wut auf Rusty war inzwischen vollkommen verflogen. Ganz im Gegenteil, er verstand nun, dass Rusty ihn bewusst an diesen Platz geführt hatte.

Als wäre das nicht alles schon wunderbar genug, drang in diesem Moment ein Sonnenstrahl durch die Baumkronen und verlieh der Szenerie etwas Magisches. Jan war dankbar, einfach nur dankbar. Rusty nicht minder, denn auf dem Heimweg spielte Herrchen so ausgelassen mit ihm wie noch nie zuvor. Als Rusty wieder zu Hause war, hatte auch er Emma eine Erfolgsgeschichte zu berichten. Die beiden waren an diesem Tag sehr mit sich selbst, ihren Menschen und der Welt zufrieden.

Die Menschen von Emma und Rusty verbrachten ebenfalls einen ganz besonderen Tag miteinander. Sie erzählten sich mit strahlenden Augen von ihren Erlebnissen und ihren Gedanken und verstanden, dass sich ihnen die Tür zu einem neuen Verständnis für das Leben geöffnet hatte. Ihnen war klar geworden, dass alles möglich werden kann, wenn man bereit ist, es zuzulassen. Sie sahen ganz deutlich, dass Emma und Rusty daran einen nicht unerheblichen Anteil hatten. Diese beiden besonderen Wesen, die erst vor wenigen Wochen bei ihnen eingezogen waren, hatten es jetzt schon erreicht, Veränderungen herbeizuführen. Einfach nur dadurch, indem sie mit wachen Augen und offenem Herzen sahen und fühlten. Wie einfach doch alles sein konnte. Natürlich war dieser erste Schritt tatsächlich nur ein erster Schritt. Doch da jeder Weg mit diesem berühmten ersten Schritt beginnt und bekanntlich aller Anfang am schwersten ist, waren sie sich darüber einig, dass sie eine große Hürde überwunden hatten. Sie hatten eine Initialzündung erlebt. Jetzt galt es, beharrlich zu bleiben und weiter gut hinzuschauen, um ihre Träume und Sehnsüchte leben zu können. Mit den beiden klugen Wesen an ihrer Seite sollte das aber nicht so schwer sein, denn mit ihnen fühlten sie sich in allerbester Begleitung.

Nach diesem berühmten Sonntag passierte so einiges im Leben der beiden Menschen und im Leben der beiden Tiere. Eva bemühte sich redlich, Räume für ihr Café zu finden, und leitete alles in die Wege, damit das Projekt sich verwirklichen konnte. Das Wunderbare daran war, dass sich, kaum war dieser neue Weg begonnen worden, die Dinge zu verselbstständigen schienen. Statt eines Cafés eröffnete

Eva einen Laden für hausgemachtes Hunde- und Katzenfutter, und es bereitete ihr große Freude, den Menschen, die zu ihr kamen, die Wartezeit mit einer leckeren Kaffee-Spezialität zu verschönern.

Jan arbeitete immer noch sehr viel und hart. Doch versuchte er, sich einen entsprechenden Ausgleich zu schaffen, der ihm neue Kraft schenkte. Neben seinen regelmäßigen Besuchen des Kraftplatzes, gemeinsam mit Rusty, hatte er mit einem Sport begonnen, der ihn schon seit Jahren faszinierte, dem Gleitschirmfliegen. Er wusste gar nicht mehr, warum er nicht schon viel früher damit begonnen hatte, denn recht schnell entwickelte sich das Fliegen zu seiner ganz großen Leidenschaft. Hier konnte er wahre Freude empfinden und gleichzeitig allen Stress hinter sich lassen. Wann immer er unterwegs zu neuen Fluggebieten war, Rusty begleitete ihn. Er verstand sich mit den Hunden der anderen Flieger meistens prächtig.

Emma blieb in dieser Zeit zu Hause bei Eva und unterstützte sie bei der Kreation neuer Futterspezialitäten. Den gemeinsamen Urlaub verbrachten alle vier zusammen im Wohnmobil an schönen Orten. Sie fuhren überall da hin, wo es ihnen gefiel, und lernten viele neue Länder kennen. Damit setzte sich eine Entwicklung, die auf beruflicher Ebene begonnen hatte, auch auf anderen Ebenen weiter fort. Gemeinsam waren sie zu Entdeckern geworden, und ihre Blicke durften dabei in alle Richtungen schweifen.

Emma und Rusty waren mehr als zufrieden mit ihren Menschen und mit ihrem Leben. Wenn sie nicht gerade auf Reisen waren, erkundeten sie die Nachbarschaft und lernten viele neue Freunde kennen. Hunde, Katzen, Pferde und noch viele andere Tierarten zählten sie zu ihrem Freundeskreis. Beide waren gern gesehen in der ganzen Umgebung.

Und wenn sie nicht gestorben sind, dann leben sie noch heute? Ganz gewiss, doch sicher wird das Leben auch für dieses Kleeblatt noch einiges an Freude und Leid bereithalten. Sie wissen aber zwischenzeitlich, dass alles das Leben bereichern kann. Selbst ein anfänglicher Ärger kann der Beginn von etwas Schönem sein. Sie hatten gelernt, dass das Leben Geschenke machte, die man annehmen oder ablehnen konnte. Nahm man sie an, auch wenn es nicht immer leicht war, dann konnten sogar Wunder geschehen. So wird ihr Leben weiterhin Höhen und Tiefen beinhalten, doch nichts wird so schlimm sein, dass sie nicht gemeinsam einen Weg finden werden. Die Menschen schauen auf die Tiere, die Tiere schauen auf die Menschen – und jeder gibt dem anderen, was für ihn von Bedeutung ist.

Der Alltag von Emma und Rusty wird weiterhin genauso sein wie der von vielen anderen Hunden und Katzen. Doch genießen die beiden das Privileg, dass sie als echte Partner ihrer Menschen angesehen werden. Sie werden ernst genommen in ihren Handlungen und in ihrem Wesen. Und so soll es sein. Dabei dürfen Sie natürlich immer Hund und Katze sein; trotzdem werden sie gleichzeitig als Seelenwesen geachtet.

Wenn Rusty und Emma gefragt würden, was sie sich noch wünschen, würden sie sagen, dass alles so bleiben soll, wie es ist, und sich doch auch jederzeit verändern darf. Sie würden sich wünschen, dass ihre Menschen immer auf sie schauen und erkennen, dass sie ein Teil von ihnen sind, genau wie auch umgekehrt.

So darf es immer weiterfahren, das Karussell des Lebens. Es dreht sich unaufhörlich, einmal im Schatten, dann in der Sonne. Es liegt an jedem selbst, die Sonne auch hinter dem Schatten zu erkennen.

Schlussworte

Wir wären nicht wir, wenn wir bei allem, was wir tun, nicht auch unsere Tiere gebührend beachten würden.

In diesem Fall bedeutet es, dass ich meine Katze Muffin zu Wort kommen lasse. Mit dem Hintergrund, ein Resümee zu ziehen, habe ich Muffin gefragt, was sie uns zu sagen hat, wenn es um den bewussten Weg von Mensch und Tier geht und wie dieser zu erreichen ist:

„Ich kann euch beruhigen, ihr alle seid auf einem guten Weg. Alleine darum, weil es euch offensichtlich ein inniger Wunsch ist, bewusster zu leben. Gleichzeitig bietet dieser Wunsch erst die Chance, diese Bewusstheit überhaupt erreichen zu können. Seht den kleinen Schritt vor euch und nicht das große, scheinbar unerreichbare Ziel. Im Alltag immer wieder einmal innezuhalten und zu schauen, was gerade geschieht, jetzt, genau in diesem Moment – das sollte euch leicht gelingen.

Eure Tiere können eure Lehrer sein, um zu mehr Bewusstheit zu gelangen. Beobachtet uns, denn wir leben immer und jederzeit im Augenblick. Wir halten die Situation im Jetzt für die wichtigste. Alles, was wir tun, ist nur in dem Moment wichtig, in dem es getan wird. Für uns ist dieses Verhalten selbstverständlich. Ihr jedoch müsst es lernen. Damit nutzt ihr eine wertvolle Möglichkeit zur Entwicklung, denn diese Chance liefert euch den Schlüssel zum Öffnen einer wichtigen Tür.

Mit nur etwas mehr Bewusstheit im Leben werdet ihr diese Tür öffnen können.

Achtet bei allem, was ihr tut, darauf, dass es euch gut geht. Denn nur wenn es euch gut geht, ist auch eine gute Entwicklung möglich. Eine wichtige, wenn nicht die wichtigste Lernaufgabe in eurem Leben ist es, auf euch zu achten. Ihr dürft euch gut fühlen und sogar glücklich dabei sein.

Wer mich kennt, der weiß, dass ich diese Aufgabe für mich sehr wichtig nehme. Ich achte stets darauf, dass es mir gut geht. Auch wenn man es oft nicht sehen kann, bin ich dabei doch immer dankbar, dass ich dieses Privileg genießen darf, mich glücklich zu fühlen.

Euch möchte ich danken, dass es euer Wunsch ist, bewusster leben zu wollen. Euer Wunsch für ein Leben in Liebe und Offenheit wird eine neue Bewusstheit erst möglich machen. Eure Wünsche werden ein starkes Wurzelwerk bilden können, durch das eine besondere Entwicklung erst möglich wird."

Ich danke dir, Muffin, für dieses schöne Schlusswort.

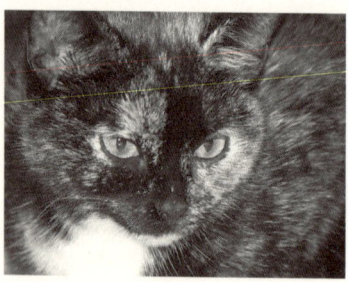

Wir hätten es besser nicht sagen können und wünschen allen Lesern beim bewussteren Gehen ihres Lebensweges – auch und vor allem gemeinsam mit ihrem Tier – viel Freude und Erfolg.

Die Autorinnen erreichen Sie über ihre Internetseite:

Sabine Arndt – www.sabine-arndt.de
Petra Kriegel – www.raum-und-energie-fuer-tiere.de

Literaturhinweise:

Christiane Beerlandt, Der Schlüssel zur Selbstbefreiung

Ruediger Dahlke, Krankheit als Symbol

Dr. med. vet. Wolfgang Becvar, Naturheilkunde für Hunde

Dr. med. vet. Wolfgang Becvar, Naturheilkunde für Katzen

Rhonda Byrne, The Secret – Das Geheimnis

Bruce Lipton, Intelligente Zellen

Rupert Sheldrake, Der siebte Sinn der Tiere

Jeanne Ruland, Krafttiere

Ted Andrews, Die Botschaft der Krafttiere

Kurt Tepperwein, Was dir deine Krankheit sagen will

Pierre Franckh, Das Gesetz der Resonanz

Bärbel und Manfred Mohr, Cosmic Ordering

Stefano Apuzzo / Monica D´Ambrosio
Auch Tiere haben Seelen
Taschenbuch, 286 Seiten
ISBN 978-3-89427-470-2

Sind unsere vierbeinigen Freunde unsterblich und sehen wir sie im Jenseits wieder?
Die Autoren dokumentieren anhand einer
Fülle von faszinierenden Beiträgen die geis-
tigen Wirkkräfte in den Seelen der Tiere und
ihre Bedeutung für den Menschen. Vor allem
aber zeigen sie die Aufgaben des Menschen
in der Betreuung jener kleinen Mitgeschöpfe
auf, die ihm vom Göttlichen Plan in die Obhut gegeben worden sind.
Besonders berührend in diesem bewegenden
Werk sind die viele Erfahrungsberichte über
die Tiere im Jenseits.

Sabine Arndt & Petra Kriegel
Wenn Tiere ihren Körper verlassen
Paperback, 165 Seiten,
ISBN 978-3-89427-391-0

Der Tod eines geliebten Haustieres ist für
viele Menschen ein häufig sehr schmerz-
haftes Geschehen. Zum einen verlieren sie
einen treuen Freund, zum anderen fehlt oft
das Wissen, dass auch Haustiere eine Seele
haben, die in einer anderen Welt weiterlebt.
Die Tier-Heilpraktikerinnen Sabine Arndt & Petra Kriegel haben einen
liebevollen und überaus einfühlsamen Wegbegleiter verfasst, um den
Übergang der Tiere in die jenseitige Welt zu erleichtern – für das Tier
und für den Menschen.
Dieser wertvolle Ratgeber schildert im Einzelnen die verschiedenen
Sterbephasen und welche Hilfestellungen man den Tieren dabei jeweils
geben kann. Dazu kommen hilfreiche Tipps und Rituale für diejenigen,
die ein Tier während der Loslösung von seiner körperlichen Hülle begleiten.

Bethanne Elion
Hundegeflüster
ISBN 978-3-89427-584-6
Auf Tiere hören – vom Leben lernen
Tiere sind außergewöhnliche Geschöpfe –
voller Klugheit und Humor. Leider verstehen ihre Herrchen und Frauchen sie nicht
immer so, wie sie es sich gerne wünschen
würden. Bethanne Elion möchte dieses Problem einer Lösung näherbringen und lässt
daher ihre Leser teilhaben an ihren Erlebnissen. Dieses Buch ist ein beeindruckendes
Zeugnis dafür, welche Tiefe der Wahrnehmung unsere Haustiere besitzen und wie intelligent sie diese zum Wohl ihrer Menschen
einsetzen. Es zeigt sich zudem, dass es natürlich Unterschiede in den Strukturen des
Bewusstseins zwischen Mensch und Tier
gibt, aber in der Essenz der gleiche Lebens-
geist Tiere und Menschen beseelt. Wer zudem achtsam auf die Botschaft lauscht, die
das Tier übermitteln oder durch sein Verhalten spiegeln möchte, der vermag als Mensch
viel von seinem Tier zu lernen.

Michaela Stark
Edelstein-Therapie für Hunde
Geb., vierfarbig, 120 Seiten
ISBN 978-3-89427-354-5
Michaela Stark zeigt in ihrem praktischen Ratgeberbuch neue Wege
auf, um Krankheiten oder Verhaltensstörungen von Hunden auf sanfte
Weise zu behandeln. Dabei erweist sich, mit welcher Aufnahmebereit-
schaft Tiere reagieren, wenn sie spüren, dass man ihnen mittels der
Edelsteine Heilung und Stärkung zukommen lassen möchte.
Ein völlig neuer Therapieansatz, damit der „beste Freund des Men-
schen" zu einem ausgeglicheneren und aggressionsfreien Begleiter und
Weggefährten werden kann.